手把手教你做蓝牙心率防水运动手环

蓝牙智能穿戴开发实战

疯壳团队　郑智颖　刘　燃　编著

西安电子科技大学出版社

内 容 简 介

    智能穿戴设备是当下最流行的可穿戴式设备，而蓝牙则是智能穿戴设备首选的无线通信技术。本书以"蓝牙心率防水运动手环"为例，采用目前业界公认的功耗最低的蓝牙芯片 DA14580 作为主控制核心，按照产品开发流程，由浅入深，带领读者快速掌握蓝牙智能穿戴产品开发的所有技能。本书作者具有多年蓝牙项目实战开发经验，书中包含了蓝牙智能穿戴产品开发所需的各方面技术知识，具体包括开发环境搭建、蓝牙通信、单个模块实验、整机产品的代码调试。

    对于想要从事蓝牙智能穿戴产品研发工作的在校师生、蓝牙开发爱好者，这是一本很好的入门教材。而对于已经入行，正在从事蓝牙智能穿戴产品软件开发的工程师来说，本书也能给予一定的参考和指导。本书语言通俗易懂，即使是从没接触过蓝牙智能产品开发的读者也能顺利上手，并能根据书中的实例自己实践。

    随书的源码、视频、套件都可以通过扫描本书封底的二维码获取。

图书在版编目 (CIP) 数据

蓝牙智能穿戴开发实战 / 疯壳团队，郑智颖，刘燃编著.—西安：西安电子科技大学出版社，2019.6
ISBN 978-7-5606-5336-5

Ⅰ. ①蓝… Ⅱ. ①疯… ②郑… ③刘… Ⅲ. ①蓝牙技术—移动终端—技术开发 Ⅳ. ①TN926

中国版本图书馆 CIP 数据核字(2019)第 082985 号

策划编辑　高　樱
责任编辑　祝婷婷　阎　彬
出版发行　西安电子科技大学出版社(西安市太白南路 2 号)
电　　话　(029)88242885　88201467　　　　邮　编　710071
网　　址　www.xduph.com　　　　　　　电子邮箱　xdupfxb001@163.com
经　　销　新华书店
印刷单位　陕西日报社
版　　次　2019 年 6 月第 1 版　　2019 年 6 月第 1 次印刷
开　　本　787 毫米×960 毫米　1/16　　印　张　6.875
字　　数　115 千字
印　　数　1～3000 册
定　　价　28.00 元

ISBN 978-7-5606-5336-5 / TN

XDUP 5638001-1

如有印装问题可调换

❖❖❖ 前　　言 ❖❖❖

　　Dialog 是德国的一家专注于半导体研发的创新型高科技公司,它也是全球著名的 IC 芯片设计公司,其研发的低功耗蓝牙芯片 DA14580,是目前全球同行业里功耗最低的,也是首款突破 4mA 无线收发电流极限的蓝牙芯片。极低的功耗能够帮助设计人员将产品的续航能力提高很多,或者在同样的续航条件下,可以选择数量更少、体积更小的电池,非常适合轻巧型产品的开发设计。其无线收发电流仅消耗 3.8 mA,比市场上其他蓝牙智能解决方案低 50%,而且其深度睡眠模式的电流低于 600 nA。这就是说,在一个每秒发送 20 字节的产品中,一颗 225 mA·h 的纽扣电池可以让其持续运行 4 年 5 个月。

　　虽然目前只有为数不多的几家厂商采用了这款芯片,但是 DA14580 的应用前景非常乐观,它的极低功耗可为产品带来真正的竞争优势,工程师无需因为电池容量问题而在产品设计上做出妥协,可以打造出更加轻薄、更加有吸引力的产品。但由于 Dialog 进入蓝牙智能市场的时间较短,与 DA14580 相关的开发资料和开源案例不多,导致开发 DA14580 蓝牙产品的门槛略高。

　　针对这一现象,鉴于 DA14580 具有诸多优势,作者决定撰写本书,根据自己多年的蓝牙开发经验,以"蓝牙心率防水运动手环"为例,讲解 DA14580 相关的基础蓝牙知识以及相应的产品开发技能,总结实际项目开发中的常见问题,帮助读者快速上手 DA14580 开发,并学会蓝牙智能穿戴设备开发的通用技能。

　　书中内容都是根据实际项目开发步骤,按照从易到难的顺序安排的,建议读者按顺序学习。前面章节主要讲解蓝牙的基础知识以及相关开发环境的搭建,后面的章节从 DA14580 的基本外设开始,对每个子模块都按照"硬件原理""软件编码""烧写调试"的流程进行实验讲解,最后将各个子模块整合在一起,开发完成一款可以量产的商用蓝牙心率防水运动手环。

本书的特点：

(1) 实用性强。以真实的产品为例，按照产品开发流程讲解，帮助读者快速上手，直接应用于实际产品开发中。

(2) 专业权威。作者拥有多年的蓝牙智能穿戴产品开发经验，所有实验代码全部来自实际项目开发总结，直接在官方 SDK 上进行修改。

(3) 内容全面。本书内容基本涵盖了低功耗蓝牙 DA14580 开发的所有知识点。

(4) 真实可靠。书中所有源码及套件，都经过实际量产验证，具有极高的含金量。

(5) 售后答疑。所有读者都可通过扫描本书封底的二维码，登录官网社区提问，作者会不定期答疑。

本书的适用范围：

(1) 想从事蓝牙开发工作的在校学生、蓝牙智能穿戴产品开发爱好者。

(2) 已经入行，正在从事蓝牙智能穿戴产品开发的工程师。

(3) 做蓝牙智能穿戴产品设计培训的机构企业。

全书由刘燃负责策划审校，第 1 章到第 3 章由郑智颖在疯壳蓝牙心率运动手环技术资料的基础上整理而来。特别感谢深圳疯壳团队的各位小伙伴，他们对本书的编写提供了可靠的技术支撑与精神鼓励。此外，还要感谢西安电子科技大学出版社的工作人员，正是他们的支持才有本书的出版。

关于本书的源码，读者可以通过扫描本书封底的二维码获得。

由于时间仓促，本书的所有内容尽管作者都认真校核过，但也难免会有一些纰漏，读者可通过社区论坛与作者互动。

作　者
2019 年 2 月

目　录

第 1 章 开 发 准 备

1.1 蓝牙穿戴设备简介

可穿戴设备是指可以直接佩戴在人体上的一种便携式设备。而智能穿戴设备则是在传统可穿戴设备的基础上进行智能化的设计和开发,使可穿戴设备不仅仅作为一种硬件设备,而是一种能够通过软件支持以及数据交互、云端交互来实现强大功能的智能设备。智能穿戴设备的出现,将对我们的生活、感知带来巨大的转变。

蓝牙通信技术是可穿戴设备首选的无线通信技术。它具有低功耗、短时延、强大的网络安全性以及较强的抗干扰能力等优势,并且支持多种拓扑结构,从而在一系列可应用于智能穿戴设备的无线技术中脱颖而出,成为不二选择。

蓝牙智能穿戴设备作为最热门的智能穿戴设备之一,具有很多其他穿戴设备所不具有的优点:

(1) 数据传输:低功耗蓝牙支持以 1 Mb/s 速度传输的极小数据包(8 个 8 位字节到 27 个 8 位字节)。所有连接使用高级低耗电监听模式,从而实现超低工作频率,将功耗降至最低。

(2) 跳频:低功耗蓝牙使用蓝牙技术通用的自适应跳频技术将 2.4 GHz ISM 频带内的其他技术干扰减至最小。高效的多路径优势增加了链路预算和有效的运行范围,同时也优化了功耗。

(3) 主机控制:低功耗蓝牙具有极具智能化的控制功能。主机可以长时间处于睡眠模式,并且只在主机需要执行时才会被控制器唤醒。由于主机处理器的功耗一般高于低功耗蓝牙控制器,因而实现了最大程度的节能。

(4) 时延:低功耗蓝牙支持 3 ms 内的连接设置与数据传输。因此,在短时突发通信中,应用可以在数毫秒内建立连接并且传输经过验证的数据,然后迅速断开连接。

(5) 距离：调制指数的增加使低功耗蓝牙的最大距离达到 100 m 以上。

(6) 稳定性：低功耗蓝牙在所有数据包上使用强大的 24 位 CRC(循环冗余校验)，保证最佳的抗干扰能力。

(7) 强大的网络安全性：使用 CCM(CTR 加密模式和 CMAC 认证算法的混合使用)的完整 AES-128 加密技术提供强大的数据包加密与验证，确保通信的安全。

(8) 拓扑结构：BLE(低功耗蓝牙)在从属设备的每个数据包上使用 32 位访问地址，从而可以连接数十亿台设备。这一技术专为一对一连接而优化，同时在一对多连接时将使用星型拓扑结构。

1.2　开发套件简介

图 1.2-1 是蓝牙心率防水运动手环的开发套件，包含手环表带、手环主板、代码下载调试器 Jlink 和 USB 转串口工具。手环外壳采用点胶工艺可实现防水功能。为了方便开发者进行二次开发，手环主板上引出了所有常用的下载调试口，通过 Jlink 下载调试器，可以反复调试代码。

手环表带　　　　手环主板　　　代码下载调试器 Jlink　　USB 转串口工具

图 1.2-1

图 1.2-2 是手环主板的硬件细节。其中左图是手环主板的正面，主要包含业界功耗最低的蓝牙芯片 MCU-DA14580、16 MHz 主晶振、32.768 kHz 副晶振、OLED 白光屏、直流电机、光学心率传感器接口、光学心率传感器模块、外部 Flash 和三轴传感器。三轴传感器采用的是 LIS2DS12，这是款自带学习型计步算法的芯片，可精确计算出常规运动参数的三轴传感器。外部 Flash 采用的是 2 MB 的 W25X20 芯片，可以存储程序代码和步伐、心率等数据。DA14580 是一款 OTP 芯片，为了方便开发者重复烧写代码调试，我们采用了 SPI 总线外挂 Flash 的方式，将代码烧写在外部 Flash 中，提高了 DA14580 的可开发性。右图

是手环主板的背面示意图，主要包含了一颗单键电容式触摸开关芯片 RH6015，这款芯片可以将触摸电容信号转换成开关信号，输入给 MCU。RH6015 还有安全性高、抗干扰能力强等优点，广泛应用于灯光控制、消费电子、家用电器等产品中。另外，其背面还预留了 Jlink 下载调试接口和 USB 转串口接口，方便开发者调试使用。

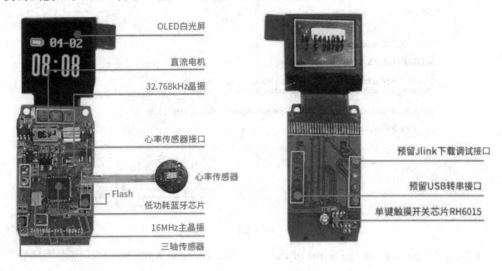

图 1.2-2

1.3 开发环境搭建

要开发一款蓝牙心率防水运动手环，需要安装 Keil MDK、Jlink 驱动、SmartSnippets、USB 转串口驱动。

1.3.1 Keil MDK 的安装

Keil MDK 是基于 ARM 的微控制器最全面的软件开发解决方案，并且包含了需要建立和调试嵌入式应用的所有组件，完美支持 Cortex-M、Cortex-R4、ARM7 和 ARM9 系列器件。大家可以通过 http://www.keil.com/mdk5/525 下载目前最新的 MDK v5.25 来安装 Keil。当然，也可以通过我们所提供的资料包安装。

这里以我们资料包中的 MDK5 为例来介绍 Keil MDK 的安装过程。

（1）运行 mdk511a，点击"Next"按钮，如图 1.3-1 所示。

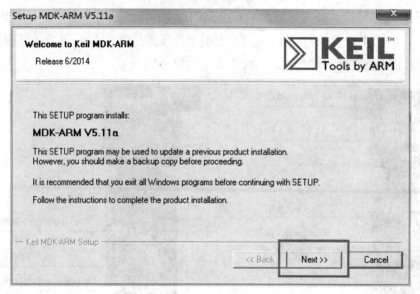

图 1.3-1

（2）勾选"I agree to all the terms of the preceding License Agreement"，点击"Next"按钮，如图 1.3-2 所示。

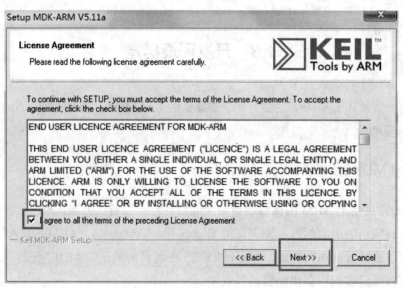

图 1.3-2

(3) 选择安装文件夹，点击"Next"按钮，如图 1.3-3 所示。

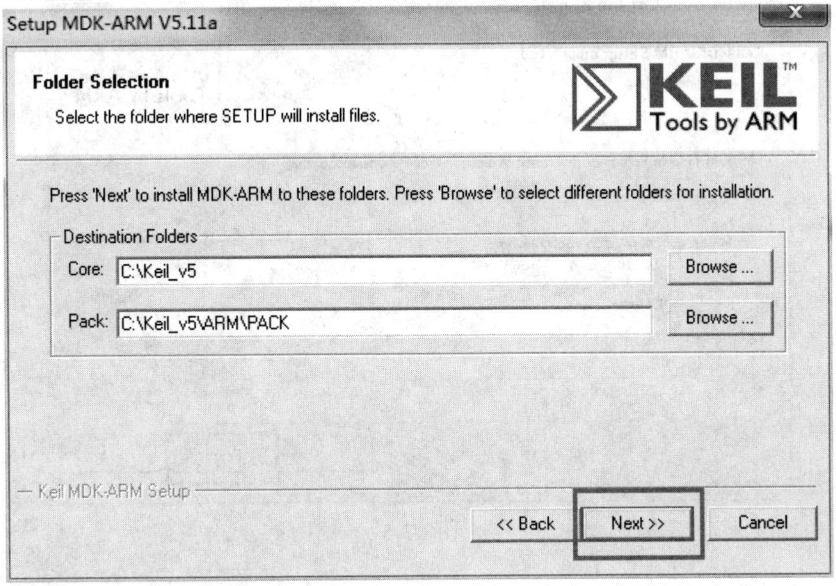

图 1.3-3

(4) 输入姓名、公司名和邮箱，点击"Next"按钮，如图 1.3-4 所示。

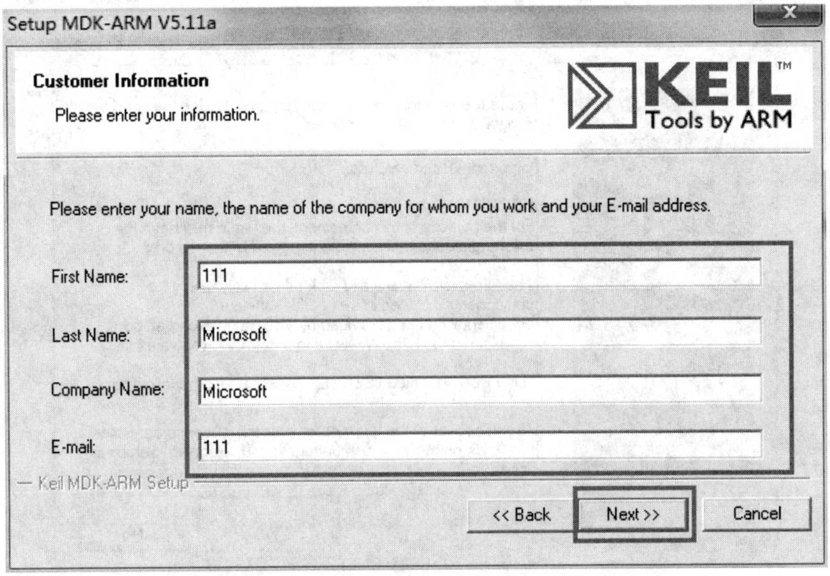

图 1.3-4

（5）点击"Finish"按钮，Keil 5 的安装就完成了，如图 1.3-5 所示。

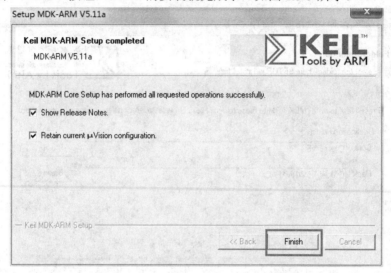

图 1.3-5

1.3.2　Jlink 驱动的安装

（1）运行 Setup_JLinkARM_V474b，弹出协议对话框，点击"Yes"按钮，如图 1.3-6 所示。

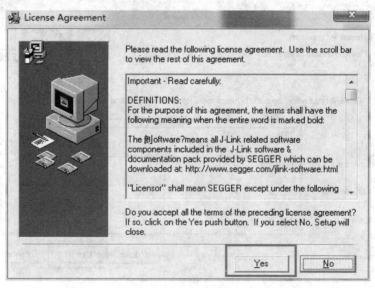

图 1.3-6

(2) 点击"Next"按钮，如图 1.3-7 所示。

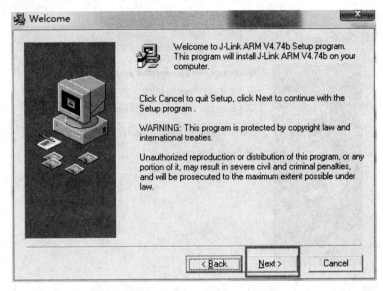

图 1.3-7

(3) 点击"Browse"按钮选择安装文件夹，然后点击"Next"按钮。当然，也可以忽略选择安装文件夹，直接点击"Next"按钮，如图 1.3-8 所示。

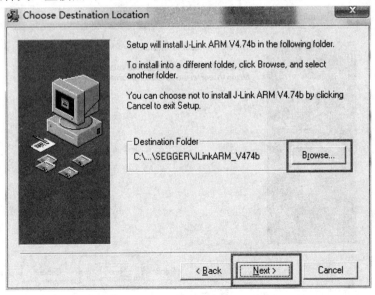

图 1.3-8

（4）勾选"Install USB Driver for J-Link-OB with CDC"，然后点击"Next"按钮，如图 1.3-9 所示。

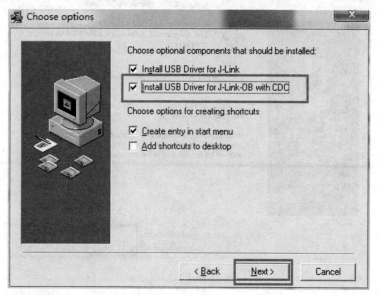

图 1.3-9

（5）继续点击"Next"按钮，如图 1.3-10 所示。

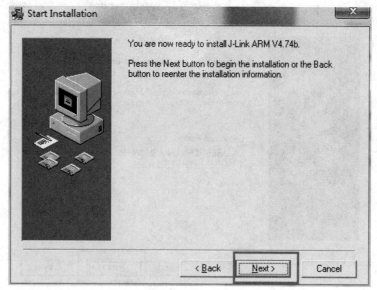

图 1.3-10

(6) 选择电脑中要使用到 Jlink 的开发环境，然后点击"Ok"按钮，如图 1.3-11 所示。

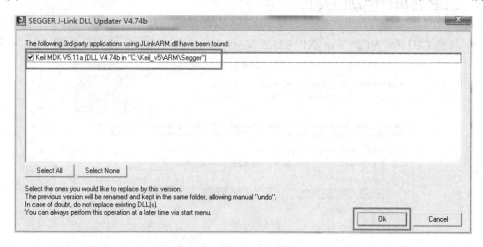

图 1.3-11

(7) 点击"Finish"按钮，完成 Jlink 的安装，如图 1.3-12 所示。

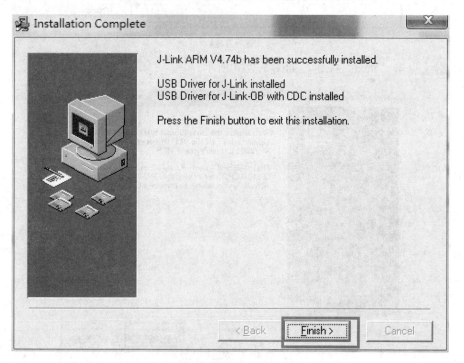

图 1.3-12

1.3.3　USB 转串口驱动的安装

(1) 打开 CP210x_VCP_Win_XP_S2K3_Vista_7，点击"Next"按钮，如图 1.3-13 所示。

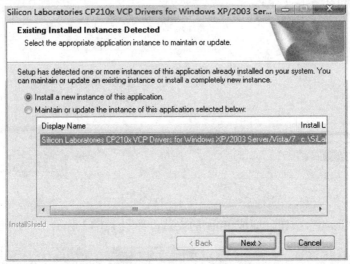

图 1.3-13

(2) 继续点击"Next"按钮，如图 1.3-14 所示。

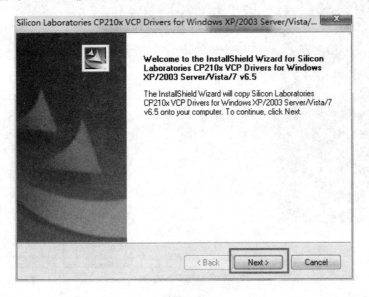

图 1.3-14

（3）选中"I accept the terms of the license agreement"，点击"Next"按钮，如图 1.3-15 所示。

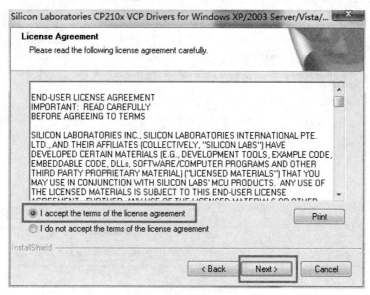

图 1.3-15

（4）选择安装文件夹，点击"Next"按钮，如图 1.3-16 所示。

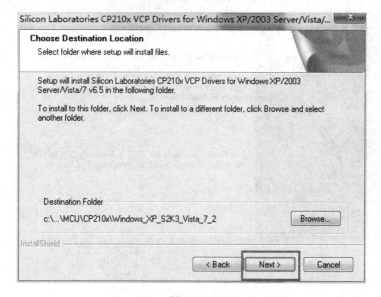

图 1.3-16

(5) 点击"Install"按钮，开始安装驱动，如图 1.3-17 所示。

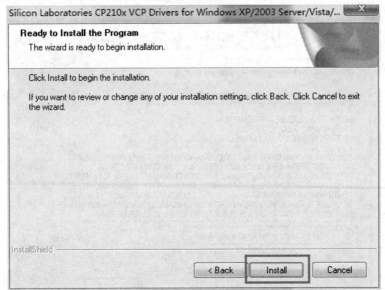

图 1.3-17

(6) 点击"Finish"按钮，完成驱动安装，如图 1.3-18 所示。

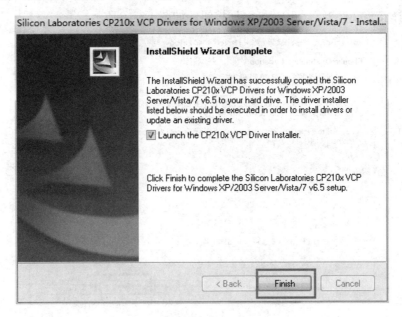

图 1.3-18

1.3.4 SmartSnippets 的安装

(1) 打开 SmartSnippets_install_win64，点击"Next"按钮，如图 1.3-19 所示。

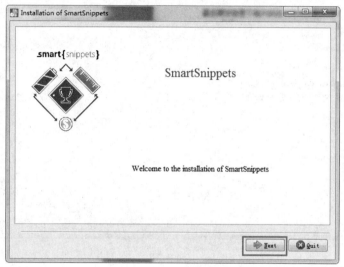

图 1.3-19

(2) 勾选"I accept the terms of this license agreement"，点击"Next"按钮，如图 1.3-20 所示。

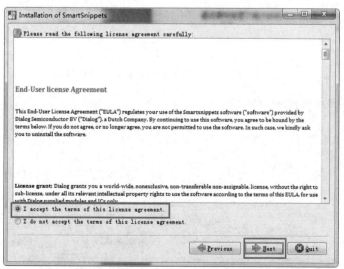

图 1.3-20

(3) 选择安装路径，点击"Next"按钮，如图 1.3-21 所示。

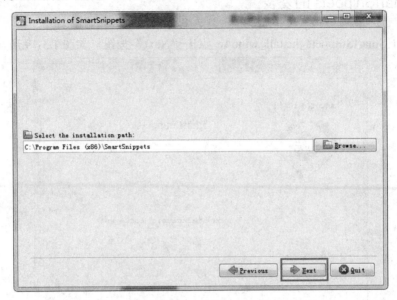

图 1.3-21

(4) 选择工作区路径，点击"Next"按钮，如图 1.3-22 所示。

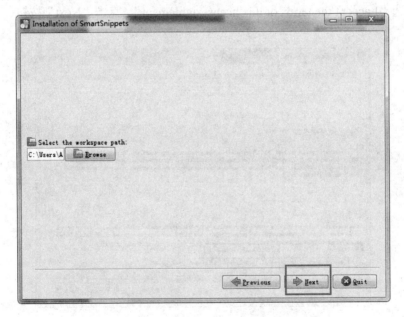

图 1.3-22

(5) 选择安装包，点击"Next"按钮，如图 1.3-23 所示。

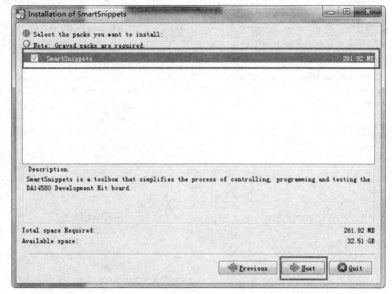

图 1.3-23

(6) 一直点击"Next"按钮，最后点击"Done"按钮，如图 1.3-24～图 1.3-26 所示。

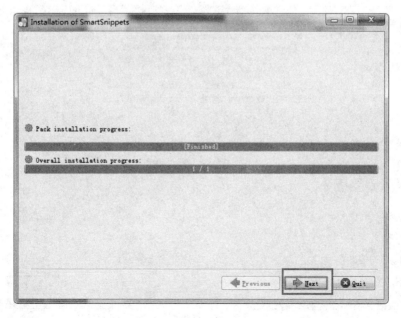

图 1.3-24

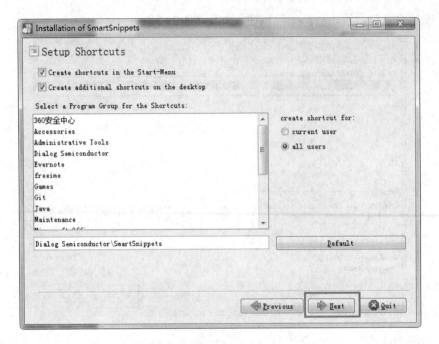

图 1.3-25

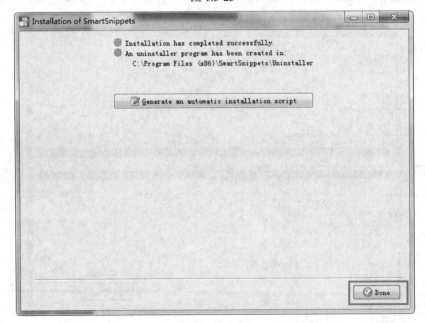

图 1.3-26

第2章 开发基础

2.1 蓝牙相关概念

2.1.1 广播

低功耗蓝牙的广播主要有两种操作模式：由服务定义的连接模式和无连接广播模式。广播者定义了在广播模式下的数据格式。对于广播模式来说，有两种常见的应用：

(1) 传输信标；

(2) 发布用户的身份识别和服务信息。

一般情况下，广播包的长度都比较短，格式限定，只能携带少量用户数据。广播模式同时支持在扫描响应的包内存储额外的数据。这些数据在无需建立连接的条件下，可以被使用扫描请求包的设备获得。广播包由一系列的字段组成，典型的如：设备的名称、设备所支持的部分或者全部的服务类型等。此外广播包也会包含厂商的特定字段和设备属性的标识。

2.1.2 UUID

UUID 是代表服务与特征值的通用唯一标识。蓝牙核心规范制定了两种不同的 UUID，一种是基本的 UUID，另一种是代替基本 UUID 的 16 位 UUID。

2.1.3 MAC 地址

MAC 地址全称为 Media Access Control，也就是介质访问控制。MAC 地址是指示蓝牙设备的一串地址码，需要具有唯一性。

2.1.4 BLE 协议栈结构

BLE 协议栈的结构如图 2.1-1 所示。

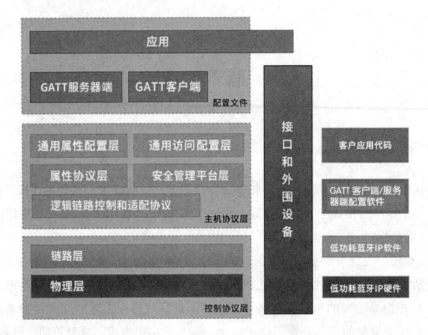

图 2.1-1

协议栈由控制(Controller)协议层和主机(Host)协议层两部分组成，可以分为物理层(Physical Layer，PHY)、链路层(Link Layer，LL)、主机控制接口(Host Controller Interface，HCI)层、逻辑链路控制和适配协议(Logical Link Control and Adaptation Protocol，L2CAP)层、安全管理平台(Security Manager Platform，SMP)层、属性协议(Attribute Protocol，ATT)层、通用属性配置(Generic Attribute Profile，GATT)层和通用访问配置(Generic Access Profile，GAP)层。

PHY 层是 1 Mb/s 自适应跳频的 GFSK 射频，运行在 2.4 G ISM band，拥有 40 频道 2 MHz 的通道间隙(3 个固定的广播通道和 37 个自适应自动调频数据通道)。

LL 层控制芯片工作在 standby(准备)、advertising(广播)、scanning(监听/扫描)、initiating(发起连接)、connected(已连接)这五种状态中的一种。五种状态的切换描述为：

adverting(广播)不需要连接就可以发送数据(告诉所有人，我来了)，scanning(监听/扫描)来自广播的数据，initiator(发起人)将携带 connection request(连接请求)来响应广播者，如果 advertiser(广播者)同意该请求，那么广播者和发起者都会进入已连接状态(connected)，发起连接的设备变成 master(主机)，而收到连接请求的设备变为 slave(从机)。

HCI(主机控制接口)层为主机和控制器之间提供标准通信接口。

L2CAP 层将数据打包，允许让设备点对点通信。

SMP 层定义配对和秘钥分配方式，并为协议栈的其他层与其他设备之间的安全连接和数据交换提供服务。

ATT 层允许设备向另外一个设备展示一块特定的数据，称之为"属性"。在 ATT 环境中，展示"属性"的设备称为服务器，与之配对的设备称为客户端。链路层状态(主机和从机)与设备的 ATT 角色是相互独立的。例如：主机设备既可以是 ATT 服务器，也可以是 ATT 客户端；从机设备既可以是 ATT 服务器，也可以是 ATT 客户端。

GATT 是在 ATT 层上面的一层结构，定义了使用 ATT 的服务框架。GATT 规定了配置文件的结构。

GAP 层负责处理设备访问模式和程序，包括设备发现、建立连接、终止连接、初始化安全特性和设备配置。GAP 层总是作为下面四种角色之一：

(1) 广播者：不可连接的广播设备。

(2) 观察者：扫描设备，但不发起建立连接。

(3) 外部设备：可连接的广播设备，可以在单个链路层连接中作为从机。

(4) 集中器：扫描广播设备并发起连接，可以在单个链路层连接中作为主机。

2.2　DA14580 简介

DA14580 是 Dialog 公司推出的第一款蓝牙智能芯片，是目前全球尺寸最小、功耗最低的蓝牙智能芯片，能够让用户随心所欲地自由开放蓝牙 4.0 和 4.1 版应用，而无需做出任何性能牺牲。DA14580 是基于 Cortex-M0 架构的，内置 ROM、OTP 和 RAM。其中 ROM 固化了大部分协议栈和操作系统(单任务)的代码实现，而 OTP 一次性编程则是为了降低成本，实现用户的差异化应用需求。用户可通过 Jlink 下载代码到 RAM 进行测试，也可通过

SmartSnippets 工具下载代码到 OTP 或外置 Flash，其中外置 Flash 为 SPI 接口，开发者可重复烧写代码和调试。

　　DA14580 拥有 WLCSP32 和 QFN40 两种封装，具有集成度高等特点，内置 16 MHz 晶振和 32.768 kHz 晶振匹配电容，最小系统只需 7 个元件。系统时钟采用双时钟方式，正常工作时使用 16 MHz 晶振时钟，进入低功耗睡眠模式时则使用 32.768 kHz 晶振时钟，这样既能降低系统时钟功耗，又能维持必要的时钟源支持。DA14580 采用的是 Riviera Waves 公司授权的协议栈 IP，所以并不开源。该款芯片还拥有丰富的内部资源：42 KB System SRAM 用来存放运行数据；8 KB 低漏电存储器 Retention SRAM，用来暂时存放休眠状态下的运行数据；32 KB 的 OTP 用来存放配置文件和用户程序；84 KB 的 ROM 用来存放协议栈。此外，DA14580 可以通过 SPI 外接 Flash，最大支持 4 Mb 的 Flash。

　　DA14580 的射频性能也是很优秀的，最大射频输出功率可达 20 dBm，而且功耗也控制得非常低，收发电流仅为 3.8 mA，比其他同类蓝牙智能解决方案低 50%。DA14580 提供丰富的开发例程和 SDK，SDK 开发平台使用兼容性很好的 Keil，其中 proximity 的开发目录下集成了启动和异常向量；平台相关、硬件初始化、中断向量、固化代码修正机制；修正代码库；平台驱动、SPI、I2C、GPIO、Timer 等驱动；连接匹配绑定管理；非易失性数据(在 OTP 开辟一块区域来存放跟代码一样的只读数据)；第三方 RW 的 IP 相关接口(协议栈是固化在 ROM 里面的，需要接口调用)；蓝牙 BLE_GATT 服务；应用层等目录。另外，在 SDK 目录框架下集成了 IDE 工程配置；固化代码接口地址信息；固化代码修正库文件、链接文件、代码存储配置；源码；SOC 头文件、寄存器地址映射表；蓝牙协议栈 IP 相关；平台相关驱动等目录。相应的 SDK 文件可以到 Dialog 官网下载，也可以到我们提供的论坛社区下载。

2.3　下载与调试

2.3.1　Jlink 调试

　　打开工程代码，找到其中的工程文件，并打开。

　　(1) 点击仿真按键，进入 Debug 模式，如图 2.3-1 所示。

图 2.3-1

(2) 点击运行图标，运行代码，如图 2.3-2 所示。

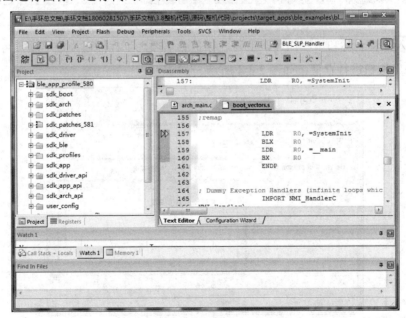

图 2.3-2

2.3.2 SmartSnippets 下载

按对应的引脚，用 Jlink 连接好芯片(3v3 接 3v3，GND 接 GND，SWD 接 SWDIO，SWC 接 SWCLK)，打开已经安装的软件 SmartSnippets，建立工程。

(1) 打开 SmartSnippets，选择"JTAG"，勾选中间框"123456"前面的方框，芯片选择 "DA14580-01"，最后点击"New"按钮，如图 2.3-3 所示。

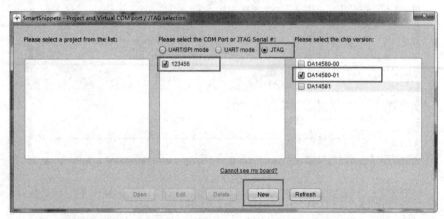

图 2.3-3

(2) 输入工程名称和工程描述，工程名称是必填项，工程描述为选填项，可以留空白，点击"Save"按钮进行存储，如图 2.3-4 所示。

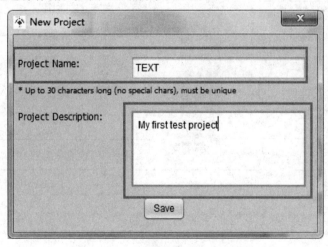

图 2.3-4

(3) 选择前两步所创建的工程"TEXT"，点击"Open"按钮，如图 2.3-5 所示。

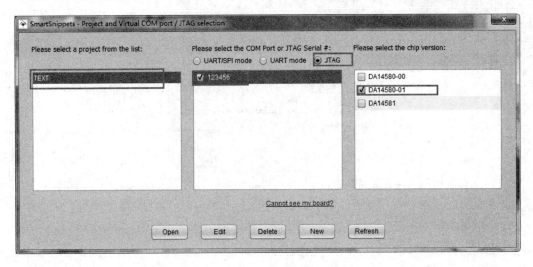

图 2.3-5

(4) 如果没有接虚拟串口或者 JTAG，则中间框就会是空白的，如图 2.3-6 所示，并且建立好工程并点击"Open"按钮后，会弹出一个错误提示框，如图 2.3-7 所示，这时则要关闭软件，将 Jink 下载器与设备重新进行正确连接，再打开软件，前面已经建立好的工程不用重新建立，只需重复第(3)步，选择好工程，点击"Open"按钮即可进入软件首页。

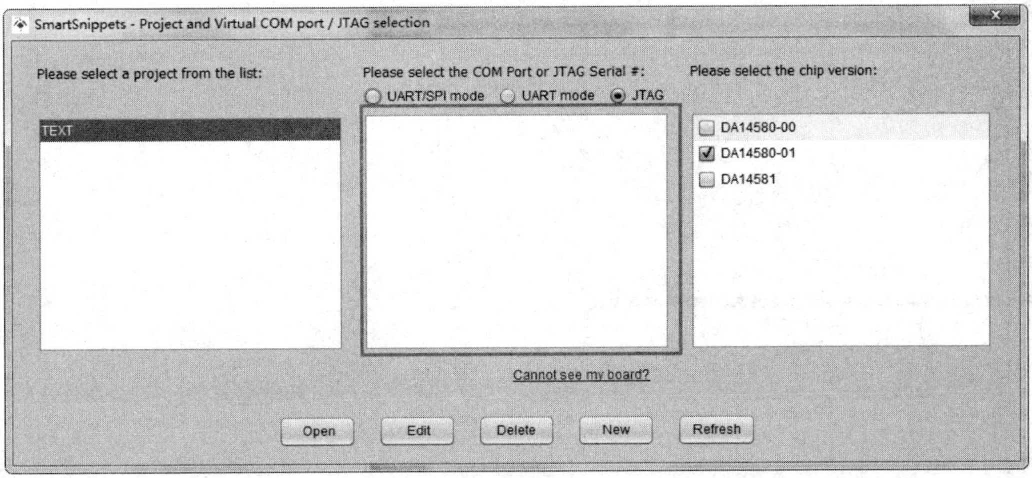

图 2.3-6

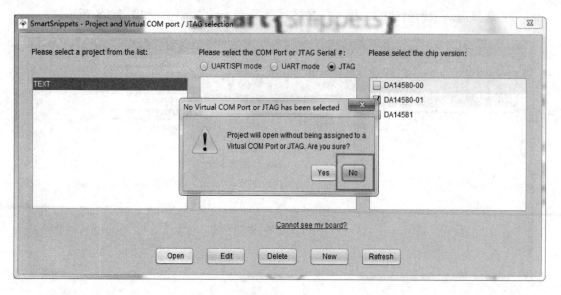

图 2.3-7

(5) 这里是将代码下载到外部 Flash，点击 Flash 图标，并最大化相应位置的面板，如图 2.3-8 所示。

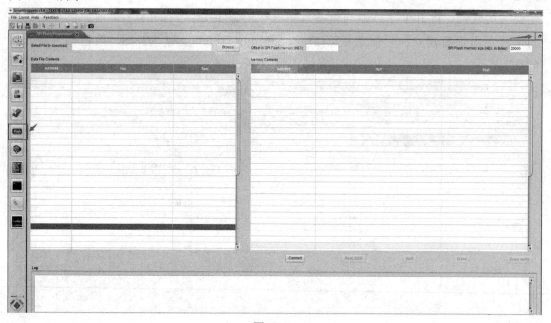

图 2.3-8

完成以上五个步骤，就可以在"Select File to download"处点击"Browse"按钮载入需要下载的 HEX 文件了，下方有 Connect、Read 32 KB、Burn、Erase、Erase Sector 五个按钮。这时只有 Connect 按钮可以点击。之后点击"Connect"按钮，下方提示连接成功；点击"Erase"按钮进行 Flash 擦除；点击"Burn"按钮进行烧录。

(1) 点击"Connect"按钮，连接 DA14580，连接成功后另外四个按钮状态就会变成可点击的了，如图 2.3-9 所示。

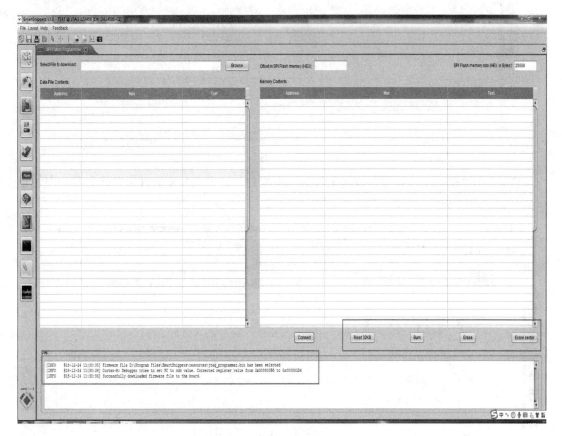

图 2.3-9

(2) 点击"Erase"按钮，擦除 Flash，擦除成功后可以看到所有地址的值都为 0xff，如图 2.3-10 所示。

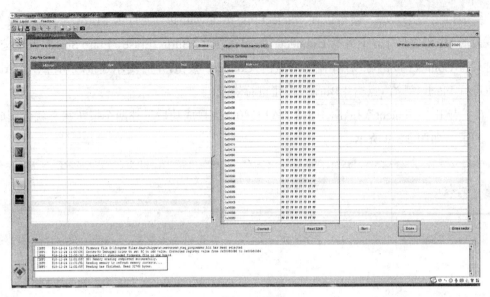

图 2.3-10

(3) 点击 "Browse" 按钮，找到工程的.hex 文件，选择完.hex 文件后，就会看到左边框里的代码数据，如图 2.3-11 所示。

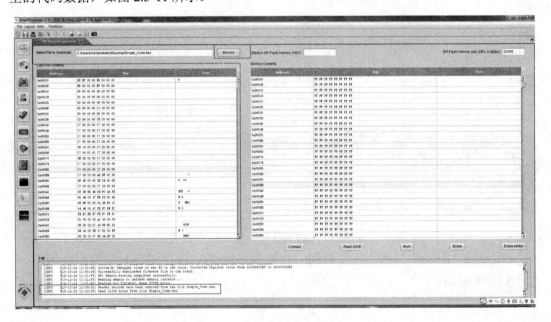

图 2.3-11

（4）点击"Burn"按钮，在弹出的对话框点击"Yes"按钮，如图 2.3-12 所示，完成代码下载，右边框里的 0xFF 就会变成相应的数据，并且，右边框里的 0x00008 地址以下的数据和左边框里的 0x00000 地址以下的数据是一样的，如图 2.3-13 所示，这时代码就下载成功了。代码下载成功后，需要给芯片断电然后重新上电，这样芯片才会运行我们所下载进去的代码。

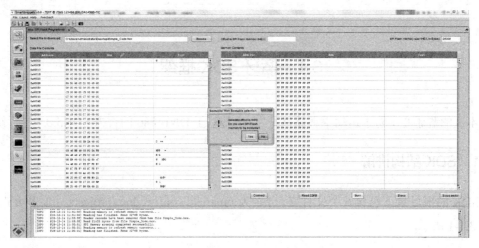

图 2.3-12

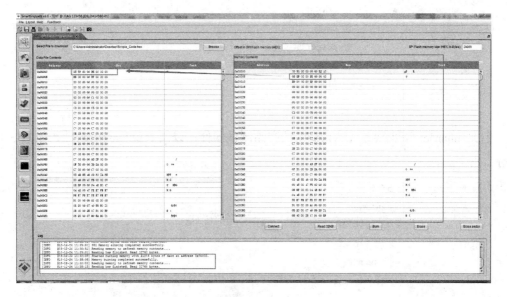

图 2.3-13

第3章　开发实战

3.1　蓝牙 SDK 框架

本次的蓝牙心率防水运动手环软件开发，全都基于 DA14580 的官方 SDK5.0.4 进行修改。

3.1.1　SDK 结构讲解

SDK 的根目录下包含 6 个文件夹，分别为 binaries、config、doc、projects、sdk 和 utilities，如图 3.1-1 所示。

图 3.1-1

目录 binaries 下主要是 DA14580 的产品测试固件，以及上位机应用软件，如图 3.1-2 所示。

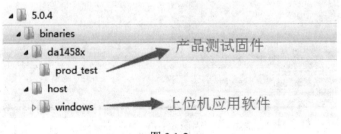

图 3.1-2

目录 projects 下包含了两个目录，即 host_apps 和 target_apps。

(1) 目录 host_apps 中包含了上位机软件源码，如图 3.1-3 所示。

图 3.1-3

(2) 目录 target_apps 中包含了 DA14580 的蓝牙例程、裸机外围模块例程以及代码工程模板，如图 3.1-4 所示。后续的蓝牙心率防水运动手环的外部 Flash 读写、OLED 屏幕显示等模块代码都是基于该目录下的裸机外围模块测试例程修改的。蓝牙收发以及整机代码都是基于该目录下的蓝牙例程进行修改的。

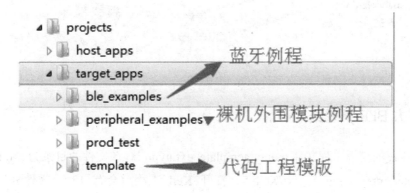

图 3.1-4

目录 sdk 比较重要，该目录包含了 4 个子目录，分别是 app_modules、ble_stack、common_project_files 以及 platform。

(1) 目录 app_modules 中包含的都是应用文件。

(2) 目录 ble_stack 用来存放蓝牙协议栈的相关代码。

(3) 目录 commom_project_files 中的 misc 包含了一些 txt 配置文件，特别是 rom_symdef.txt。协议栈中添加中断处理函数时，会提示重复定义，就需要打开该文件，在对应的中断处理函数前面加上分号 ";" 注释，如图 3.1-5 所示。

rom_symdef.txt	2016/7/27 17:52	文本文档
rom_symdef_581.txt	2016/7/27 17:52	文本文档
rom_symdef_prodtest.txt	2016/7/27 17:52	文本文档
rom_symdef_prodtest_581.txt	2016/7/27 17:52	文本文档
sysram_case23.ini	2016/7/27 17:52	配置设置

图 3.1-5

(4) 目录 platform 包含补丁代码以及驱动文件。

目录 utilities 下包含测试、烧录的一些工具文件的源码等，如图 3.1-6 所示。

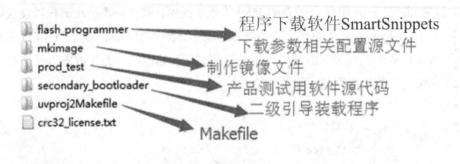

图 3.1-6

3.1.2　官方 BLE 例程结构讲解

打开 BLE 的模板工程文件 empty_template_ext.uvprojx，该文件的目录为 projects/target_apps/template/empty_template_ext/Keil_5。打开 Keil 工程后会有 13 个文件分组，分别是 sdk_boot、sdk_arch、sdk_patches、sdk_patches_581、sdk_driver、sdk_ble、sdk_profiles、sdk_driver_api、sdk_arch_api、user_config、user_custom_profile、user_platform、user_app。

(1) sdk_boot 分组中包含 4 个文件，即 system_ARMCM0.c、boot_vectors.s、hardfault_handler.c、nmi_handler.c。

① system_ARMCM0.c 文件是 DA14580 进行关于 Contex_M0 时钟与系统初始化的 C 文件，不需要更改。

② boot_vectors.s 文件是 DA14580 启动时最先调用的文件，对 DA14580 的中断、内存等进行初始化，是用汇编编写的文件，通常不需要修改。

③ hardfault_handler.c 文件是一个硬件错误处理文件，当产生硬件错误时就会产生硬件中断。

④ nmi_handler.c 文件是不可屏蔽中断文件，定义了不可屏蔽中断函数，主要是看门狗复位就会进入该中断函数。

(2) sdk_arch 分组包含了硬件体系结构相关的源码文件，以及主函数文件 arch_main.c。

(3) sdk_patches 以及 sdk_patches_581 这两个分组包含的是补丁代码。

(4) sdk_driver 分组包含了外围驱动 C 文件。

(5) sdk_ble 分组下有 4 个文件：rf_580.c、rwble.c、rwip.c、gapm.c。

① rf_580.c 文件是 DA14580 无线模块的相关配置文件。

② rwble.c 文件是 RW 系统与 BLE 之间的配置文件，主要是 BLE 内核中断服务进程。

③ rwip.c 文件中定义了 BLE 休眠函数。

(6) sdk_profiles 分组中是协议栈用到的服务配置文件。

(7) sdk_driver_api 分组和 sdk_arch_api 分组中都是.h 文件，应用函数的接口。

(8) user_config 和分组 user_custom_profile 包含了蓝牙的一些设置文件，用户可自己更改。

(9) user_platform 分组中包含了一个文件即 user_periph_setup.c，这个 C 文件中包含了引脚配置、外围初始化等函数。

(10) user_app 是用户自己添加应用程序的一个分组。

3.2 外部 Flash 读写

3.2.1 SPI+ 简介

本节我们将使用 DA14580 自带的 SPI+ 对外部 Flash 进行读写操作。

SPI(Serial Peripheral Interface) 即串行外围设备接口，是 Motorola 首先在其 MC68HCXX 系列处理器上定义的。SPI 主要应用在 EEPROM、Flash、实时时钟、AD转换器以及数字信号处理器和数字信号解码器之间。该接口一般使用 4 条线：串行时钟线 (SCLK)、主机输入/从机输出数据线 MISO、主机输出/从机输入数据线 MOSI 和低电平有效的从机选择线 NSS。

　　DA14580 的 SPI+ 支持 SPI 总线的一个子集。这个串行接口在主/从模式可以发送和接收 8、16 或 32 位，并且在主模式可以发送 9 位。SPI+ 有双向的 2 × 16 位的 FIFO，功能得到了增强。

　　DA14580 的 SPI+ 可以工作在主或从模式；有 8、9、16、32 位的操作方式；SPI 控制器的时钟达到 16 MHz，SPI 时钟源可以通过编程进行 1、2、4、8 分频；SPI 的时钟线达到 8 MHz；支持 SPI 的 0、1、2、3 四种工作模式；SPI 的 DO 管脚的空闲电平可以通过编程进行设置；是可屏蔽的中断发生器；单向读和写模式可降低总线负载。

3.2.2　硬件设计

　　我们所使用的外部 Flash 型号是 W25X20CL，它一共有 8 个引脚。1 号引脚 CS 用于芯片的选择；2 号引脚 DO 是数据输出引脚；3 号引脚 WP 是写保护；4 号引脚是 GND；5 号引脚 DIO 既可以作为数据输入，也可以作为数据输出；6 号引脚 CLK 是 Flash 的串行时钟信号；7 号引脚用于暂停 SPI 的通信；8 号引脚 VCC 就是电源脚。参考原理图如图 3.2-1 所示。

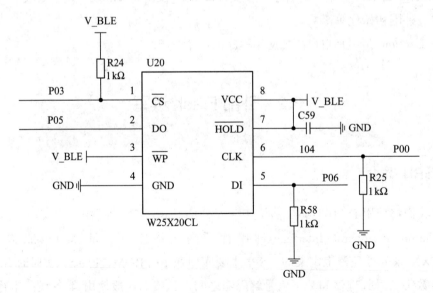

图 3.2-1

3.2.3 软件设计

要通过 SPI 对外部 Flash 进行读写操作，首先进行相关时钟引脚的配置，也就是修改函数 periph_init()，见代码清单 3.2-1。

---代码清单 3.2-1---

```
void periph_init(void)
{
    // system init
    SetWord16(CLK_AMBA_REG, 0x00);                        //设置 16 MHz 时钟
    SetWord16(SET_FREEZE_REG, FRZ_WDOG);                  //关闭看门狗
    SetBits16(SYS_CTRL_REG, PAD_LATCH_EN, 1);            //开启管脚
    SetBits16(SYS_CTRL_REG, DEBUGGER_ENABLE, 1);        //开启 debugger
    SetBits16(PMU_CTRL_REG, PERIPH_SLEEP, 0);           //打开外围电源

    // Power up peripherals' power domain
    SetBits16(PMU_CTRL_REG, PERIPH_SLEEP, 0);
    while (!(GetWord16(SYS_STAT_REG) & PER_IS_UP));

    //Init pads
    GPIO_ConfigurePin(UART2_GPIO_PORT, UART2_TX_PIN,OUTPUT, PID_UART2_TX,\ false);
    GPIO_ConfigurePin(UART2_GPIO_PORT, UART2_RX_PIN, INPUT, PID_UART2_RX,\ false);

    GPIO_ConfigurePin(SPI_GPIO_PORT, SPI_CS_PIN, OUTPUT, PID_SPI_EN, true);
    GPIO_ConfigurePin(SPI_GPIO_PORT, SPI_CLK_PIN, OUTPUT, PID_SPI_CLK, false);
    GPIO_ConfigurePin(SPI_GPIO_PORT, SPI_DO_PIN, OUTPUT, PID_SPI_DO, false);
    GPIO_ConfigurePin(SPI_GPIO_PORT, SPI_DI_PIN, INPUT, PID_SPI_DI, false);

    // Initialize UART component
```

```
        SetBits16(CLK_PER_REG, UART2_ENABLE, 1);          // enable   clock for uart 2
        uart2_init(UART2_BAUDRATE, UART2_DATALENGTH);

    }
```

在 periph_init()中，我们完成了 SPI、uart2 的管脚配置，以及对串口 2 进行了初始化。

然后，我们要进行的是对 SPI 的一个初始化，代码如下：

void spi_init(SPI_Pad_t *cs_pad_param, SPI_Word_Mode_t bitmode, SPI_Role_t role,
SPI_Polarity_Mode_t clk_pol, SPI_PHA_Mode_t pha_mode, SPI_MINT_Mode_t irq,
SPI_XTAL_Freq_t freq)

第一个参数 cs_pad_param 是分配给 SPI CS 信号的端口管脚，这里用的是 P03。

第二个参数 bitmode 是 SPI 操作的位数，有 8、9、16、32 位操作模式，这里用的是 8 位，所以填写 SPI_MODE_8BIT。

第三个参数 role 是用来配置 SPI 的工作方式的，这里用的是主 SPI，因此选择 SPI_ROLE_MASTER。

第四个参数 clk_pol 是用来选择 SPI 时钟空闲极性的，这里用的是 SPI_CLK_IDLE_POL_LOW，表示串行同步时钟的空闲状态为低电平。

第五个参数 pha_mode 是选择 SPI 的采样边沿，这里选的是 SPI_PHA_MODE_0。

最后两个参数 irq 和 freq 分别是用来配置 SPI 中断和时钟分频的，分别选择 SPI_MINT_DISABLE 和 SPI_XTAL_DIV_8。

以上是我们对 SPI 的初始化设置，当然，大家也可以根据自己的需求进行配置。对 SPI 初始化设置完成之后，就可以开始读写外部 Flash 了，通过调用以下代码完成：

int32_t spi_flash_write_data (uint8_t *wr_data_ptr, uint32_t address, uint32_t size)

int32_t spi_flash_read_data (uint8_t *rd_data_ptr, uint32_t address, uint32_t size)

3.2.4　实验现象

首先，插好 Jlink 和 USB 转串口，然后打开串口调试助手。

(1) 选择串口号，然后点击"连接"按钮。图 3.2-2 中是 COM3，这个根据实际情况选择。

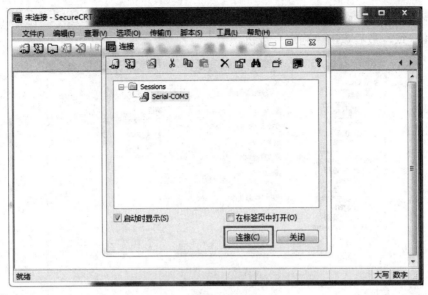

图 3.2-2

(2) 点击如图 3.2-3 所示界面"选项"中的"会话选项"。

图 3.2-3

（3）点击"串行"按钮，配置串口参数，波特率为 115200，数据位为 8，停止位为 1，与图 3.2-4 一致，最后点击"确定"按钮。

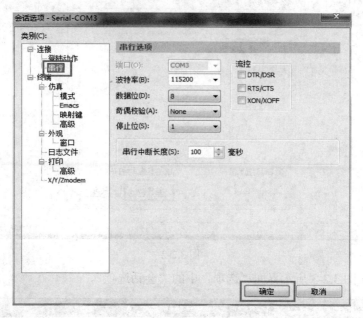

图 3.2-4

（4）配置完串口之后，打开我们提供的代码，点击仿真图标，如图 3.2-5 所示。

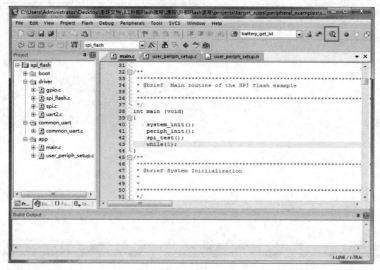

图 3.2-5

(5) 点击运行代码，如图 3.2-6 所示。

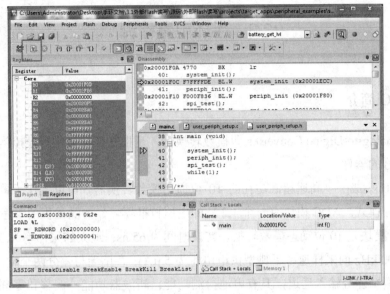

图 3.2-6

(6) 完成之后，就能看到串口调试助手接收框的相关打印信息，如图 3.2-7 所示。

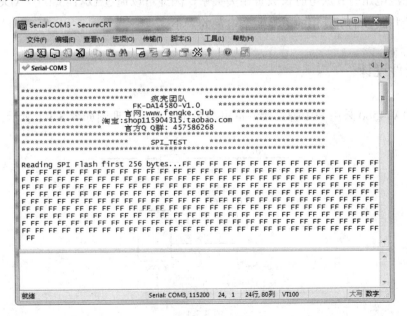

图 3.2-7

3.3 手环电量检测

3.3.1 ADC 简介

ADC(Analog-to-Digital Converter)即模数转换器,是指将连续变化的模拟信号转换为离散的数字信号的器件。

DA14580 集成一个高速超低功耗的 10 位通用模数转换器,可以工作于单端模式也可以工作于差分模式。ADC 模块有一个 1.2 V 的电压校准器,作为满量程的参考电压。

该 ADC 模块是 10 位动态模数转换,转换时间为 65 ns;最大的采样率为 3.3 MHz;超低功耗(在 100 kHz 的采样速率下典型供电电流为 5 μA);有单端与差分两个输入比例;有 4 个单端或者两个差分输入通道;具有电池检测功能;斩波器功能;偏移和零刻度调整;公共端模式输入电平调整。

由于电池电压与其放电时长成负相关关系,因此可以通过 DA14580 的 ADC 测量电池电压,直接判断我们所使用的电池剩余电量的大小。

3.3.2 硬件设计

本次 DA14580 采用 P01 脚直接测量电源电压,电路原理图如图 3.3-1 所示。

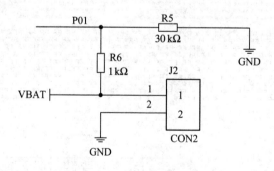

图 3.3-1

3.3.3 软件设计

软件开始，第一步要进行的是系统初始化，代码如下：

```
SetWord16(CLK_AMBA_REG, 0x00);                      //设置 16 MHz 时钟
SetWord16(SET_FREEZE_REG,FRZ_WDOG);                 //关闭看门狗
SetBits16(SYS_CTRL_REG,PAD_LATCH_EN,1);             //使能管脚
SetBits16(SYS_CTRL_REG,DEBUGGER_ENABLE,1);          //打开 debugger
SetBits16(PMU_CTRL_REG, PERIPH_SLEEP,0);            //打开外围电源
```

由于要使用串口打印，故要配置使用的串口。首先，要调用 GPIO_ConfigurePin(UART2_GPIO_PORT, UART2_TX_PIN, OUTPUT, PID_UART2_TX, false) GPIO_ConfigurePin(UART2_GPIO_PORT, UART2_RX_PIN, INPUT, PID_UART2_RX, false)来配置我们使用的串口管脚，然后使用 SetBits16(CLK_PER_REG, UART2_ENABLE, 1)来使能我们要使用的串口 2，最后调用 uart2_init(UART2_BAUDRATE, UART2_DATALENGTH)初始化串口。完成以上 3 个流程，就可以通过串口打印信息了。

关于 ADC 采集电压，主要是调用以下函数，见代码清单 3.3-1。

--代码清单 3.3-1--

```
uint32_t adc_get_vbat_sample(bool sample_vbat1v)
{
    uint32_t adc_sample, adc_sample2;
    adc_init(GP_ADC_SE, GP_ADC_SIGN, GP_ADC_ATTN3X);
    adc_usDelay(20);
    if (sample_vbat1v)
        adc_enable_channel(ADC_CHANNEL_VBAT1V);
    else
        adc_enable_channel(ADC_CHANNEL_VBAT3V);
    adc_sample = adc_get_sample();
    adc_usDelay(1);
    adc_init(GP_ADC_SE, 0, GP_ADC_ATTN3X );
```

```
        if (sample_vbat1v)

            adc_enable_channel(ADC_CHANNEL_VBAT1V);

        else

            adc_enable_channel(ADC_CHANNEL_VBAT3V);

        adc_sample2 = adc_get_sample();

        //We have to divide the following result by 2 if

        //the 10 bit accuracy is enough

        adc_sample = (adc_sample2 + adc_sample);

        adc_disable();

        return adc_sample;

    }
```

　　在这个函数中，首先是采用 adc_init(uint16_t mode, uint16_t sign, uint16_t attn)对 ADC 进行初始化。第一个参数 mode 是 ADC 模式选择，0 表示差分模式，GP_ADC_SE(0x800) 表示单端模式，我们采用的是 GP_ADC_SE 单端模式。第二个参数为 sign，0 表示默认模式，这里用 GP_ADC_SIGN(0x0400)，选择通过相反的 ADC 符号获取两个采样值来取消内部的偏置电压。最后的参数 attn 设置输入最大电压值，0 对应 1.2 V，这里选 GP_ADC_ATTN3X(0x0002)对应 3.6 V。

　　完成 ADC 初始化后就要使能相关的 ADC 通道。adc_enable_channel(uint16_t input_selection)，本次使用的是通道 ADC_CHANNEL_VBAT3V。

　　完成 ADC 的初始化和通道使能后，就可以调用 adc_get_sample(void)获取数字电压了，代码见清单 3.3-2。

---代码清单 3.3-2---

```
    int adc_get_sample(void)

    {

        int cnt = ADC_TIMEOUT;

        SetBits16(GP_ADC_CTRL_REG, GP_ADC_START, 1);　　//开始 AD 转换

    while (cnt-- && (GetWord16(GP_ADC_CTRL_REG) & GP_ADC_START) != 0x0000);

    //等待转换结束
```

```
        SetWord16(GP_ADC_CLEAR_INT_REG, 0x0000); // 清除转换中断标志位

        return GetWord16(GP_ADC_RESULT_REG);     //获取转换结果

}
```

最后通过以下函数将数字电压转换为剩余电量百分比，代码清单见 3.3-3。

---代码清单 3.3-3---

```
uint8_t batt_cal_cr2032(uint16_t adc_sample)

{

        uint8_t batt_lvl;

        if (adc_sample > 1705)

                batt_lvl = 100;

        else if (adc_sample <= 1705 && adc_sample > 1584)

                batt_lvl = 28 + (uint8_t)(( ( ((adc_sample - 1584) <<16) /(1705 - 1584) ) * 72 ) >> 16) ;

        else if (adc_sample <= 1584 && adc_sample > 1360)

                batt_lvl = 4 + (uint8_t)(( ( ((adc_sample - 1360) << 16) / (1584 - 1360) ) * 24 ) >> 16) ;

        else if (adc_sample <= 1360 && adc_sample > 1136)

                batt_lvl = (uint8_t)(( ( ((adc_sample - 1136) << 16) / (1360 - 1136) ) * 4 ) >> 16) ;

        else

                batt_lvl = 0;

        return batt_lvl;

}
```

这些函数采用的是分段的形式，是由于电池电压与电池剩余电量的关系是一条曲线，通过分段计算，可以提高精度。当然，大家也可以根据自己的实际情况改动上述函数。

3.3.4 实验现象

(1) 首先，插好 Jlink 和 USB 转串口，然后打开串口调试助手。选择串口号，然后点击"连接"按钮。图 3.3-2 中是 COM3，这个根据实际情况选择。

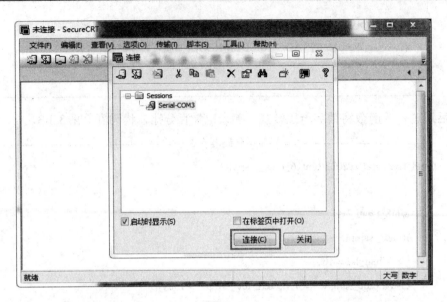

图 3.3-2

(2) 点击如图 3.3-3 所示界面 "选项" 中的 "会话选项"。

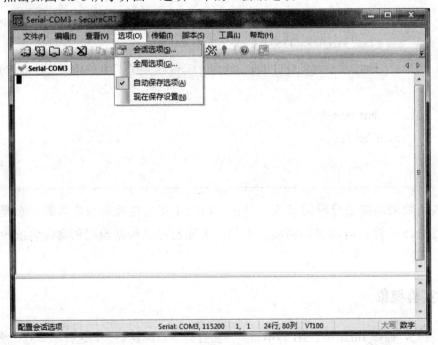

图 3.3-3

(3) 点击"串行"按钮，配置串口参数，波特率为 115200，数据位为 8，停止位为 1，与图 3.3-4 一致，最后点击"确定"按钮。

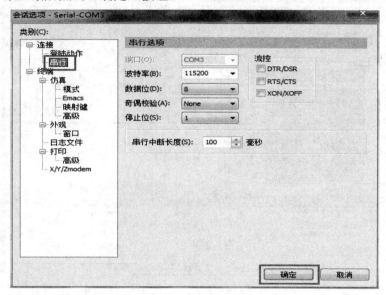

图 3.3-4

(4) 配置完串口之后，打开我们提供的代码，点击仿真图标，如图 3.3-5 所示。

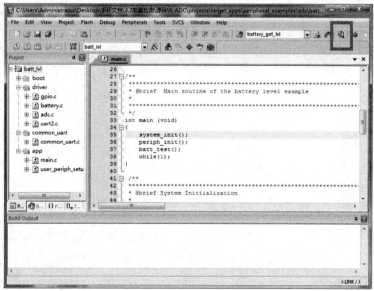

图 3.3-5

(5) 点击运行代码，如图 3.3-6 所示。

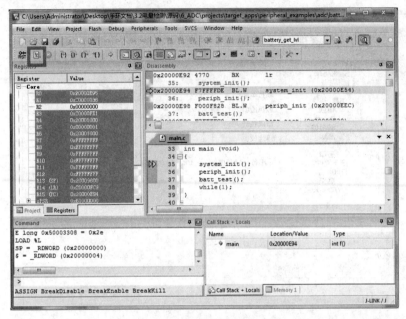

图 3.3-6

(6) 完成之后，就能看到串口调试助手接收框的相关打印信息，如图 3.3-7 所示。

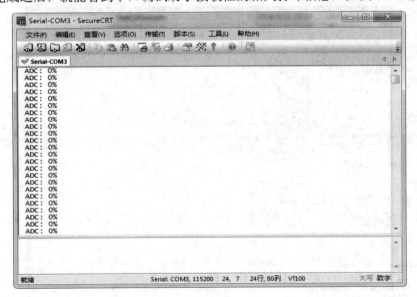

图 3.3-7

3.4 手环心率测量

3.4.1 心率测量原理简介

手环心率测量采用的是 PPG 光电容积脉搏波描记法原理(Photo Plethysmo Graphy)。简单来说，就是利用血液中透光率的脉动变化，折算成电信号，对应的就是心率。

当一定波长的光束照射到皮肤表面时，光束将通过反射方式传送到光电接收器，在此过程中由于受到皮肤肌肉和血液的吸收衰减作用，检测器检测到的光强度将减弱。其中皮肤、肌肉组织等对光的吸收在整个血液循环中是保持恒定不变的，而皮肤内的血液对特定波长的光有吸收作用。当心脏收缩时，外周血容量最多光吸收量也最大，检测到的反射光强度最小。而在心脏舒张时，检测到的光强度最大，使光接收器接收到的光强度随之呈脉动性变化。最后，我们通过 DA14580 的 ADC 采集光接收器的电信号，计算出心率。

3.4.2 硬件设计

心率传感器原理图由 HY1303 和 HY232 两部分组成。HY1303 是一个光电型心率传感器，内部是一个 LED 和一个光传感器，将采集到的光强转换成电压，从第 6 引脚输出，如图 3.4-1 所示。HY232 是一个电压放大芯片，HY1303 芯片输出的电压，经过 HY232 放大，最后才送给 MCU 来处理，如图 3.4-2 所示。

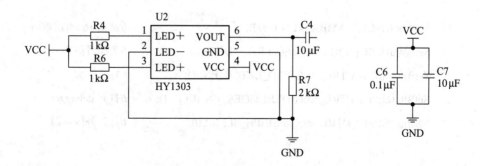

图 3.4-1

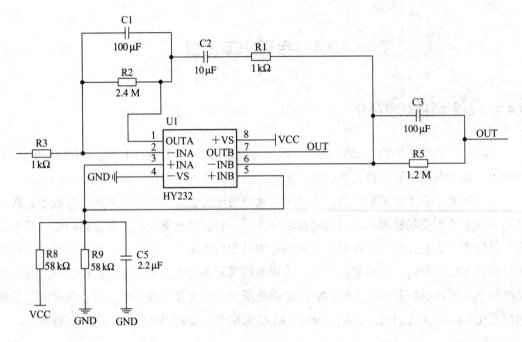

图 3.4-2

3.4.3　软件设计

第一步，就是系统的初始化，代码清单见 3.4-1。

---代码清单 3.4-1---

```
void system_init(void)

{

    SetWord16(CLK_AMBA_REG, 0x00);                    //设置 16 MHz 时钟

    SetWord16(SET_FREEZE_REG, FRZ_WDOG);              //关闭看门狗

    SetBits16(SYS_CTRL_REG, PAD_LATCH_EN, 1);         //打开管脚

    SetBits16(SYS_CTRL_REG, DEBUGGER_ENABLE, 1);      //打开 debugger

    SetBits16(PMU_CTRL_REG, PERIPH_SLEEP, 0);         //打开外围电源

}
```

由于本次要使用串口打印，所以要设置串口管脚，使能串口，对串口进行初始化，代

码清单见 3.4-2。

--代码清单 3.4-2--

```
GPIO_ConfigurePin(UART2_GPIO_PORT,UART2_TX_PIN, OUTPUT, PID_UART2_TX,\ false);
GPIO_ConfigurePin(UART2_GPIO_PORT,UART2_RX_PIN, INPUT, PID_UART2_RX,\ false);
SetBits16(CLK_PER_REG, UART2_ENABLE, 1);        // Initialize UART component
uart2_init(UART2_BAUDRATE, UART2_DATALENGTH);
```

我们的心率需要的采样周期是 4～10 ms，这里用的是 10 ms，此时就需要通过 void my_timer_init(void)开启一个定时器，代码清单见 3.4-3。

--代码清单 3.4-3--

```
void my_timer_init(void)
{
        timer0_stop();     //停止定时器，进入设置
        timer0_register_callback(timer0_general_user_callback_function);//注册定时器回调函数
        // Enable TIMER0 clock
        set_tmr_enable(CLK_PER_REG_TMR_ENABLED);      //使能定时器 0 的时钟
        // Sets TIMER0,TIMER2 clock division factor to 8, so TIM0 Fclk is F = 16MHz/8 = 2 MHz
        set_tmr_div(CLK_PER_REG_TMR_DIV_8);             //设置定时器 8 分频
        timer0_set_pwm_high_counter(0);        //清除 PWM 设置寄存器，从而不产生方波
        timer0_set_pwm_low_counter(0);
        timer0_init(TIM0_CLK_32K, PWM_MODE_ONE, TIM0_CLK_DIV_BY_10);
                        //初始化定时器 0
        timer0_set_pwm_on_counter(32); //32/(TIM0_CLK_32K/TIM0_CLK_DIV_BY_10)=10 ms
        timer0_enable_irq();   //使能定时器 0
        timer0_start();          //开启定时器 0
}
```

每过 10 ms，定时器 0 就会产生一次中断，进入回调函数 timer0_general_user_callback_function，在回调函数中，我们使用 ADC 采集数据。

最后通过函数 ADC_CAPTRUE(adc_heart ,&hr_capture)就可以得到心率值了。adc_heart 是 ADC 数字电压，hr_capture 就是心率值。这个函数包含了心率算法。

在这个算法中，首先是去寻找一个上升的起始点。找到之后，开始找后面的起始点，逐次求出点数差。最后将 7 个点差排序，去掉最小值和最大值，求平均值。代码清单见 3.4-4。

--代码清单 3.4-4--

```
void ADC_CAPTRUE(unsigned int x,unsigned char *y)
{
    static unsigned int adc_data[3]={0};
    static unsigned int adc_data_num=1;           //统计点数
    static unsigned int start_point_num=0;        //一个周期的起始点
    static unsigned int fall_point_num=0;         //一个周期的结束点
    static unsigned int adc_data1[7]={0};         //存放周期点数
    unsigned int t;
    static unsigned char adc_data_num1=0;
    unsigned char i,j;
    static bool fall_flag=0;
    static bool start_flag=0;
    unsigned int period=0;
    if(start_flag)adc_data_num++;
    if(x==0)
    {
        if((adc_data[0]==1)&&(adc_data[2]==1))     //找到上升点
        {
            if(start_flag)
            {
                if(fall_flag==0)
                {
                    fall_point_num=adc_data_num;
                    fall_flag=1;
                }
```

```
                    if((adc_data_num-fall_point_num)<20)
                    {
                        fall_point_num=adc_data_num;
                    }
                    else
                    {
                        adc_data1[adc_data_num1]=fall_point_num-start_point_num;
                        adc_data_num1++;
                        start_point_num=fall_point_num;
                        fall_flag=0;
                    }
                }
                else if(adc_data_num<20)adc_data_num=1;          //重置起始点
                else
                {
                    start_flag=1;                                //确定起始点
                }
            }
            else
            {
                adc_data[0]=1;
            }
        }
        else if(adc_data[0])
        {
            adc_data[2]=1;
            if(start_flag==0)adc_data_num++;
        }
        if(adc_data_num1==7)
        {
```

```
            adc_data_num1=0;
            adc_data[0]=0;
            adc_data[2]=0;
            adc_data_num=1;
            start_point_num=0;
            fall_point_num=0;
            fall_flag=0;
            start_flag=0;
            for(i=0; i<7; i++)                    //冒泡排序
            {
                  for(j=0; j<7-i; j++)
                  {
                        if(adc_data1[j]>adc_data1[j+1])
                        {
                              t=adc_data1[j];
                              adc_data1[j]=adc_data1[j+1];
                              adc_data1[j+1]=t;
                        }
                  }
            }
            for(i=1; i<6; i++)                    //去掉最高值和最低值
            {
                  period+=adc_data1[i];          //累加
            }
            period=period/5;                      //求周期均值
            *y=6000/period;                       //计算心率
            if((*y<50) || (*y>110))*y=0;
      }
}
```

3.4.4 实验现象

首先，插好 Jlink 和 USB 转串口，然后打开串口调试助手。

(1) 选择串口号，然后点击"连接"按钮。图 3.4-3 中是 COM3，这个根据实际情况选择。

图 3.4-3

(2) 点击如图 3.4-4 所示界面"选项"中的"会话选项"。

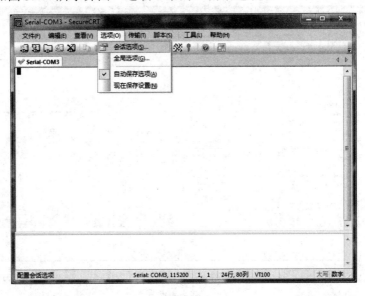

图 3.4-4

(3) 点击"串行"按钮，配置串口参数，波特率为 115200，数据位为 8，停止位为 1，与图 3.4-5 一致，最后点击"确定"按钮。

图 3.4-5

(4) 配置完串口之后，打开我们提供的代码，点击仿真图标，如图 3.4-6 所示。

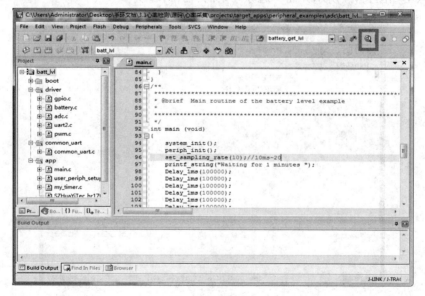

图 3.4-6

(5) 点击运行代码，如图 3.4-7 所示。

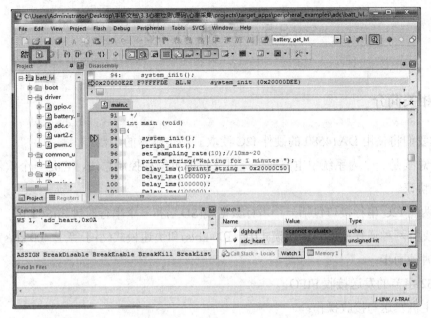

图 3.4-7

(6) 完成之后，就能看到串口调试助手接收框的相关打印信息，如图 3.4-8 所示。

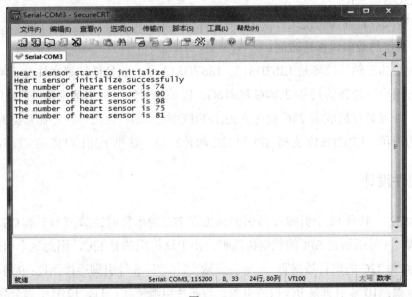

图 3.4-8

3.5 三 轴 计 步

3.5.1 相关简介

本次我们将使用 DA14580 的硬件 I2C 读取三轴传感器的步数。

I2C 总线是一个为系统中电路通信提供支持的可编程控制总线，它是一个软件定义的两线通信协议。

(1) 两线 I2C 串行接口包括一个串行数据线(SDA)和一个串行时钟线(SCL)；

(2) 支持两种通行速率，标准模式(0～100 kb/s)和快速模式(小于等于 400 kb/s)；

(3) 时钟同步；

(4) 32 字节的发送接收 FIFO；

(5) 主机发送与接收操作；

(6) 7 或 10 位地址，7 或 10 位混合格式发送；

(7) 块发送模式；

(8) 中断或者轮询操作模式；

(9) 可编程的数据线保持时间；

本次使用的三轴传感器是 LIS2DS12。LIS2DS12 是一款超低功率高性能三轴线性加速度计，具有用户可选择的尺寸 2G/4G/8G/16G，能够测量输出数据速率从 1 Hz 到 6400 Hz 的加速度。并且具有集成的 256 级先入先出(FIFO)缓冲器，让用户在存储数据时，限制主机处理器的干预。LIS2DS12 支持 SPI 和 I2C 两种接口，这里采用的 I2C 接口。

3.5.2 硬件设计

LIS2DS12 一共有 12 个引脚。1 号引脚 SCL 是 I2C 的串行时钟脚；2 号引脚 CS 是 SPI/I2C 的使能引脚；3 号引脚是 SPI 的数据传送脚，由于这里用的是 I2C，因此这个引脚空余；4 号引脚 SDA 是 I2C 的串行数据脚；5 号引脚悬空，6、7、8 号引脚连接到地；9 号引脚 VDD 是芯片的电源；10 号引脚是 I/O 口的电源，与芯片电源连接；11、12 号引脚分别是中断脚

INT2、INT1，打开之后，当 LIS2DS12 检测到步数时，能产生中断电平。应用电路如图 3.5-1所示。

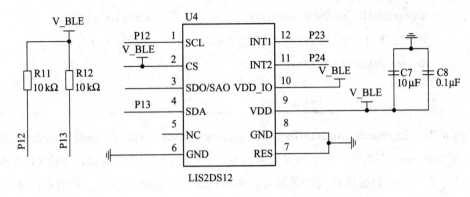

图 3.5-1

3.5.3 软件设计

首先完成系统初始化，调用 system_init()函数，然后进行 I2C 的配置和使用。

(1) 配置 I2C 的相关引脚，见代码清单 3.5-1。

--代码清单 3.5-1--

```
GPIO_ConfigurePin(I2C_GPIO_PORT, I2C_SCL_PIN, INPUT, PID_I2C_SCL, false);

GPIO_ConfigurePin(I2C_GPIO_PORT, I2C_SDA_PIN, INPUT, PID_I2C_SDA, false);
```

----

(2) 通过以下函数初始化 I2C，见代码清单 3.5-2。

--代码清单 3.5-2--

```
void i2c_eeprom_init(uint16_t dev_address, uint8_t speed, uint8_t address_mode, uint8_t address_size)
{
    mem_address_size = address_size;
    SetBits16(CLK_PER_REG, I2C_ENABLE, 1);            //使能 I2C 时钟
    SetWord16(I2C_ENABLE_REG,0x0);                     //关闭 I2C 的控制器
    SetWord16(I2C_CON_REG,I2C_MASTER_MODE|I2C_SLAVE_DISABLE\
    I2C_RESTAR T_EN);                                  //使能从设备
    SetBits16(I2C_CON_REG, I2C_SPEED, speed);          //设置传送速度
```

```
        SetBits16(I2C_CON_REG,I2C_10BITADDR_MASTER, address_mode);   //设置寻址方式
        SetWord16(I2C_TAR_REG,dev_address & 0x3FF);        //设置从设备地址
        SetWord16(I2C_ENABLE_REG,0x1);                     //使能 I2C 控制器
        WAIT_UNTIL_NO_MASTER_ACTIVITY();                   //等待 I2C 主机 FSM 空闲
        i2c_dev_address = dev_address;
}
```

上述函数 i2c_eeprom_init(uint16_t dev_address, uint8_t speed, uint8_t address_mode, uint8_t address_size)中的第一个参数是设备地址，代码中填写的是 0x1d，参考 LIS2DS2 的数据手册；第二个参数是设置 I2C 的速度，有两种速度可选择，这里选择的是快速；第三个参数是地址模式，本次使用的是 7 位地址模式；最后一个参数是用来设置地址长度的。

完成 I2C 的初始化之后，就可以通过 i2c_eeprom_read_byte(uint32_t address, uint8_t *byte)对 LIS2DS12 进行读操作，通过 i2c_eeprom_write_byte(uint32_t address, uint8_t byte)对 LIS2DS12 进行写操作。

通过 I2C 的读写函数，对 LIS2DS12 寄存器进行读写之后，就能使用 LIS2DS12 了。详细资料可以查询 LIS2DS12 的 datasheet。

在整个代码流程中，首先是调用函数 status_tLIS2DS12_ACC_R_WHO_AM_I_BIT(u8_t *value)读取设备 ID，判定是否为正确的设备。然后，调用初始化函数：LIS2DS12_ACC_W_SOFT_RESET(LIS2DS12_ACC_SOFT_RESET_t newValue)，软件初始化 LIS2DS12 设备。如果读取设备错误或者软件初始化不成功，DA14580 就会进入一个空的死循环。最后，进入 Loop_Test_Pedometer()，计步测试，每次只要有步数增加，就会打印一次步伐值，见代码清单 3.5-3。

---代码清单 3.5-3--

```
static void    Loop_Test_Pedometer(void)
{
        init_LIS2DS12_Pedometer();              //配置计步器
        LIS2DS12_ACC_W_RST_NSTEP(LIS2DS12_ACC_RST_NSTEP_ON);   //步数清零
        LIS2DS12_ACC_Get_StepCounter((u8_t *)&Number_Of_Steps);
        printf_string("\n\rThe number of steps is ");
```

```
printf_byte_dec(PerNumber_Of_Steps);
while(1) {
LIS2DS12_ACC_Get_StepCounter((u8_t *)&Number_Of_Steps);    //读取步数值
if(PerNumber_Of_Steps!=Number_Of_Steps)
{
        PerNumber_Of_Steps=Number_Of_Steps;
        printf_string("\r\nThe number of steps is ");        //打印
        printf_byte_dec(PerNumber_Of_Steps);
    }
}
```

3.5.4 实验现象

首先，插好 Jlink 和 USB 转串口，然后打开串口调试助手。

(1) 选择串口号，然后点击"连接"按钮。图 3.5-2 中是 COM3，这个根据实际情况选择。

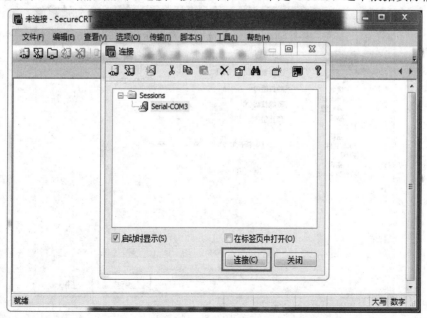

图 3.5-2

(2) 点击如图 3.5-3 所示界面 "选项" 中的 "会话选项"。

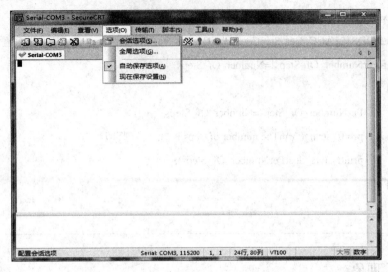

图 3.5-3

(3) 点击 "串行", 配置串口参数, 波特率为 115200, 数据位为 8, 停止位为 1, 与图 3.5-4 一致, 最后点击 "确定" 按钮。

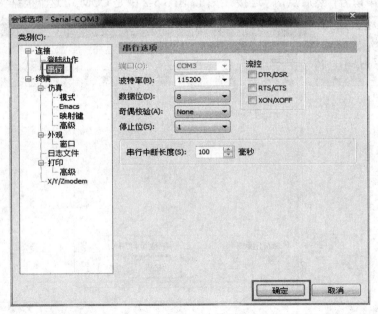

图 3.5-4

(4) 配置完串口之后，打开我们提供的代码，点击仿真图标，如图 3.5-5 所示。

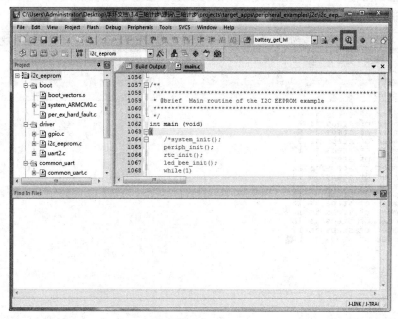

图 3.5-5

(5) 点击运行代码，如图 3.5-6 所示。

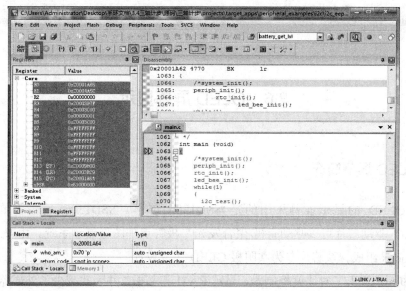

图 3.5-6

(6) 完成上述操作后，就会看到串口调试助手接收框中会打印出步数值，摇晃手环，会发现串口调试助手打印出新的步数，并且步数在增加，如图 3.5-7 所示。

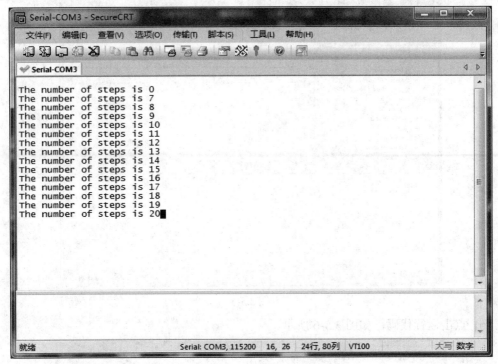

图 3.5-7

3.6　OLED 屏幕显示

3.6.1　OLED 屏幕简介

本次 OLED 的显示屏幕采用的是 SSD1306 屏幕。SSD1306 是一个单片 CMOS OLED/PLED 驱动芯片可以驱动有机/聚合发光二极管点阵图形显示系统。由 128Segments 和 64Commons 组成。该芯片专为共阴极 OLED 面板设计。

SSD1306 中嵌入了对比度控制器、显示 RAM 和晶振，并因此减少了外部器件和功耗，有 256 级亮度控制。数据/命令的发送有三种接口可选择：6800/8080 串口、I2C 接口或 SPI

接口。我们本次使用软件模拟 I2C 接口控制 LCD 屏幕。

3.6.2 硬件设计

如图 3.6-1 所示是 OLED 屏幕的接口，这里使用 I2C 通信，SCL、SDA 分别接在 P25、P26 管脚。

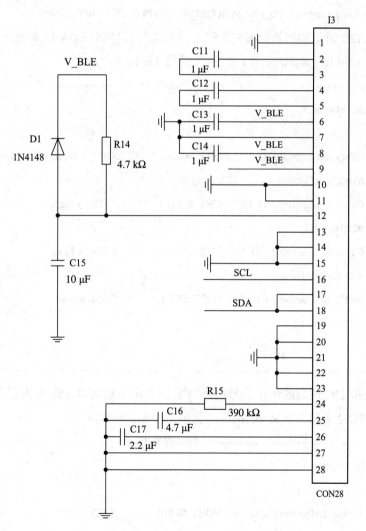

图 3.6-1

3.6.3 软件设计

这里我们使用的是软件模拟 I2C 通信，首先就是要把模拟 I2C 的两个引脚配置成普通输出 I/O 口，代码如下：

```
GPIO_ConfigurePin(LCD_I2C_PORT, SCL, OUTPUT, PID_GPIO, false);

GPIO_ConfigurePin(LCD_I2C_PORT, SDA, OUTPUT, PID_GPIO, false);
```

然后模拟 I2C 通信的起始信号：当 SCL 为高电平期间时，SDA 由高电平跳变到低电平，这里用到的是 void IIC_Start()函数，代码清单见 3.6-1。

--代码清单 3.6-1--

```
void IIC_Start()

{

        GPIO_SetActive(LCD_I2C_PORT, SCL);              // SCL = high;

        //Delay_us(1);

        GPIO_SetActive(LCD_I2C_PORT, SDA);              // SDA = high;

        //Delay_us(1);

        GPIO_SetInactive(LCD_I2C_PORT, SDA);            // SDA = low;

        // Delay_us(1);

        GPIO_SetInactive(LCD_I2C_PORT, SCL);            // SCL = low;

        // Delay_us(1);

}
```

接着是模拟 I2C 通信的停止信号：当 SCL 为高电平期间时，SDA 由低电平跳变到高电平，这里用到的是 void IIC_Stop()函数，代码清单见 3.6-2。

--代码清单 3.6-2--

```
void IIC_Stop()

{

        GPIO_SetInactive(LCD_I2C_PORT, SCL);            // SCL = low;

        //Delay_us(1);

        GPIO_SetInactive(LCD_I2C_PORT, SDA);            // SDA = low;
```

```
//Delay_us(1);
GPIO_SetActive(LCD_I2C_PORT, SCL);              // SCL = high;
//Delay_us(1);
GPIO_SetActive(LCD_I2C_PORT, SDA);              // SDA = high;
//Delay_us(1);
}
```

最后是数据的传送：I2C 总线进行数据传送时，若时钟信号为高电平期间，则数据线上的数据必须保持稳定，只有在时钟线上的信号为低电平期间时，数据线上的高电平或低电平状态才允许变化，代码清单见 3.6-3。

--代码清单 3.6-3--

```
void Write_IIC_Byte(unsigned char IIC_Byte)
{
    unsigned char i;
    for(i=0;i<8;i++)
    {
        if(IIC_Byte & 0x80)        //
        GPIO_SetActive(LCD_I2C_PORT, SDA);     // SDA = high;
        else
        GPIO_SetInactive(LCD_I2C_PORT, SDA);   // SDA=low;
        //Delay_us(1);
        GPIO_SetActive(LCD_I2C_PORT, SCL);     // SCL=high;
        //Delay_us(1);
        GPIO_SetInactive(LCD_I2C_PORT, SCL);   // SCL=low;
        //Delay_us(1);
        IIC_Byte<<=1;               //
    }
    GPIO_SetActive(LCD_I2C_PORT, SDA);         // SDA=1;
    //Delay_us(1);
```

```
    GPIO_SetActive(LCD_I2C_PORT, SCL);             // SCL=1;
    //Delay_us(1);
    GPIO_SetInactive(LCD_I2C_PORT, SCL);           // SCL=0;
    //Delay_us(1);
}
```

上面的函数 Delay_us(1)可以根据 datasheet 进行更改。

可以通过对 SSD1306 写指令、写数据，来控制 OLED 屏。

从图 3.6-2 可以看出 OLED 的设备地址为 0x78，D/C# 用来控制后面的数据是图片数据还是 OLED 控制指令。当发送指令时，Control byte 为 0x00，发送数据时，发送 0x40。

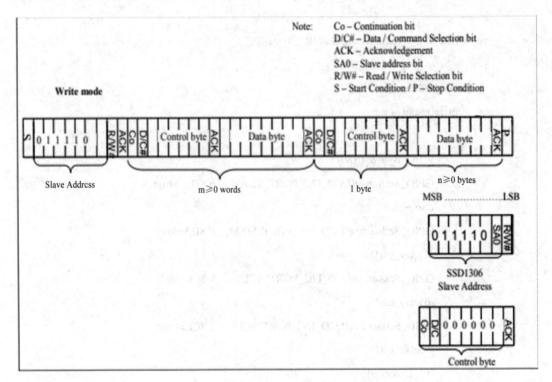

图 3.6-2

下面的函数 i2c_eeprom_write_bye_dgh(unsigned char IIC_Control,unsigned char IIC_Command)是用来给 SSD1306 发送显示数据和指令的，代码清单见 3.6-4。

---代码清单 3.6-4---

```
void i2c_eeprom_write_byte_dgh(unsigned char IIC_Control,unsigned char IIC_Command)
{
    IIC_Start();
    Write_IIC_Byte(0x78);                    //图 3.6-2 中的 Slave Address
    Write_IIC_Byte(IIC_Control);             // D/C# 位置 0 表示写指令，1 表示写数据
    Write_IIC_Byte(IIC_Command);             //要写的指令或数据
    IIC_Stop();
}
```

　　对于 LCD，首先是初始化 LCD，初始化流程以及指令数据可以参考数据手册。LCD
初始化完成之后，调用显示函数，代码清单见 3.6-5。

---代码清单 3.6-5---

```
void oled_init(void)
{
    int i;
    i2c_eeprom_write_byte_dgh(0X00, 0xAE);    // display off
    i2c_eeprom_write_byte_dgh(0X00, 0x20);    // Set Memory Addressing Mode
    i2c_eeprom_write_byte_dgh(0X00, 0x10);    // 00,Horizontal Addressing Mode;01,Vertical
Addressing Mode;10,Page Addressing Mode (RESET);11,Invalid
    i2c_eeprom_write_byte_dgh(0X00, 0xb0);    // Set Page Start Address for Page Addressing
Mode,0～7
    i2c_eeprom_write_byte_dgh(0X00, 0xc0);    // Set COM Output Scan Direction C0 /C8
    i2c_eeprom_write_byte_dgh(0X00, 0x00);
    i2c_eeprom_write_byte_dgh(0X00, 0x12);        //12
    i2c_eeprom_write_byte_dgh(0X00, 0x40);
    i2c_eeprom_write_byte_dgh(0X00, 0x81);
    i2c_eeprom_write_byte_dgh(0X00, 0x7f);
    i2c_eeprom_write_byte_dgh(0X00, 0xa0);        // a1
    i2c_eeprom_write_byte_dgh(0X00, 0xa6);        // a6
```

```
        i2c_eeprom_write_byte_dgh(0X00, 0xa8);
        i2c_eeprom_write_byte_dgh(0X00, 0x3F);          // 1F
        i2c_eeprom_write_byte_dgh(0X00, 0xa4);          // a4
        i2c_eeprom_write_byte_dgh(0X00, 0xd3);
        i2c_eeprom_write_byte_dgh(0X00, 0x00);
        i2c_eeprom_write_byte_dgh(0X00, 0xd5);
        i2c_eeprom_write_byte_dgh(0X00, 0xf0);
        i2c_eeprom_write_byte_dgh(0X00, 0xd9);
        i2c_eeprom_write_byte_dgh(0X00, 0x22);
        i2c_eeprom_write_byte_dgh(0X00, 0xda);
        i2c_eeprom_write_byte_dgh(0X00, 0x12);          // 02
        i2c_eeprom_write_byte_dgh(0X00, 0xdb);
        i2c_eeprom_write_byte_dgh(0X00, 0x20);
        i2c_eeprom_write_byte_dgh(0X00, 0x8d);
        i2c_eeprom_write_byte_dgh(0X00, 0x14);
        i2c_eeprom_write_byte_dgh(0X00, 0xaf);
        for(i=0; i<=5; i++)
        {
                oled_clean(0,64,i);                      //清屏
        }
}
void dis_heart(unsigned char x)
{
        unsigned char x1, x2;
        int i, j, p=0;
        x=x+32;
        x1=(x&0x0f);
        x2=((x>>4)&0x0f)+0x10;
        for(j=0; j<4; j++)
        {
```

```
        i2c_eeprom_write_byte_dgh(0x00, x1);          //设置列地址的低 8 位

        i2c_eeprom_write_byte_dgh(0x00, x2);          //设置列地址的高 8 位

        i2c_eeprom_write_byte_dgh(0x00, 0xb2+j);      //设置 page 的起始地址

        for(i=0; i<32; i++)

        {

                i2c_eeprom_write_byte_dgh(0x40, heart_pic_on[i+p]);   //发送显示数据

        }

        p += 32;

    }

}
```

在 dis_heart(unsigned char x)中，发送显示数据 heart_pic_on[]，这是一个数组，数组中的每一个数都是 8 位的，表示一个 page 中的一列 8 个方格，如图 3.6-3 所示。当显示数据的某一位为 1 时，位对应的方格就会发光。

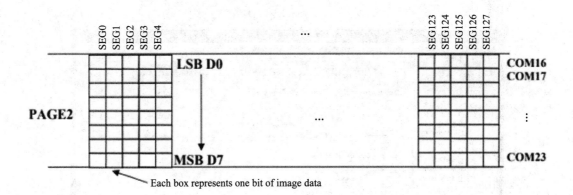

图 3.6-3

3.6.4 实验现象

(1) 首先打开 OLED 屏幕显示的实验代码，点击仿真按键，如图 3.6-4 所示。

(2) 点击运行代码，如图 3.6-5 所示，然后就可以看到 OLED 上有图案显示了，如图 3.6-6 所示。

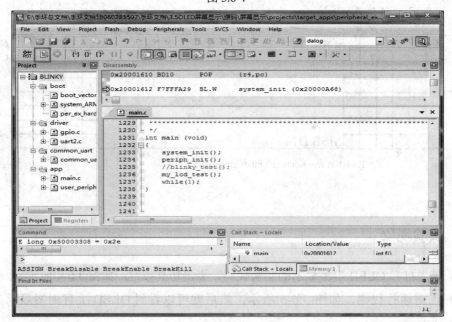

图 3.6-4

图 3.6-5

图 3.6-6

3.7 电容触摸

3.7.1 中断简介

在本节中，我们将使用到 DA14580 的外部中断，通过触摸手环主板上面的小弹簧，触发中断。

DA14580 内部有嵌套中断向量控制器(NVIC，Nested Vectored Interrupt Controller)，支持 24 个中断，能够中断配置与处理异常代码。当发生一个中断请求时，自动执行对应的中断函数，不需要软件确定异常向量。中断可以有四个不同的可编程的优先级，NVIC 自动处理嵌套中断。对于安全关键系统，具有不可屏蔽中断(NMI, Non Maskable Interrupt)输入。

DA14580 内部还有一个键盘控制器，可以用于延时 GPIO 信号进入的时间。可以检测所有的 I/O 口的电平变化。当监测信号时，可以产生中断(KEYBR_IRQ)。同时，另外有五个中断(GPIOn_IRQ)可以被 GPIO 口触发。

3.7.2　硬件设计

　　蓝牙心率防水运动手环中使用的是 RH6015 这款触摸按键芯片，RH6015 是一款内置稳压模块的单通道电容式触摸感应控制开关 IC，可以替代传统的机械式开关。当触摸到 RH1615 第三引脚前的触摸电容时，第一引脚会由高电平变成低电平。第一引脚连接到 DA14850 的 P27 管脚，电路原理图如图 3.7-1 所示。

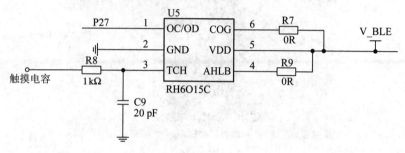

图 3.7-1

3.7.3　软件设计

　　整个实验代码将使用到两个部分：串口和外部中断。关于串口的初始化配置，以及串口打印的相关函数，可以参考前面的章节，本节只介绍外部中断的相关代码。

　　要使用外部中断，就需要以下几个流程：

　　(1) 配置要使用的 I/O 口，这里将 DA14580 的 P27 管脚设置为输入，代码以下：

```
GPIO_ConfigurePin(BUTTON_PORT, BUTTON_PIN1, INPUT, PID_GPIO, false);
```

　　(2) 注册中断回调函数，代码如下：

```
GPIO_RegisterCallback(GPIO0_IRQn, button1_int_handler);
```

　　这个注册中断回调函数有两个参数，第一个参数是外部中断编号，可以填写 GPIO0_IRQn、GPIO1_IRQn、GPIO2_IRQn、GPIO3_IRQn 和 GPIO4_IRQn。第二个是回调函数的指针。

　　(3) 使能外部中断，代码如下：

```
GPIO_EnableIRQ(BUTTON_PORT, BUTTON_PIN1, GPIO0_IRQn, 1, 1, 10 );
```

　　完成以上三步之后，每当手触摸到触摸弹簧，代码就会运行到回调函数

button1_int_handler 之中，代码清单见 3.7-1。

---代码清单 3.7-1---

```
void button1_int_handler(void)

{

        static unsigned char button_count=0;

        button_count++;

        printf_string("\r\n Number of key:");

        printf_byte(button_count);

}
```

在中断函数 button1_int_handle()中，首先定义了一个静态变量 button_count，用于记录按键次数，进入一次外部中断，就将变量 button_count 加 1，然后打印出换行符以及字符串"Number of key:"，最后打印出 button_count 的值。

3.7.4 实验现象

首先，插好 Jlink 和 USB 转串口，然后打开串口调试助手。

(1) 选择串口号，然后点击"连接"按钮。图 3.7-2 中是 COM3，这个根据实际情况选择。

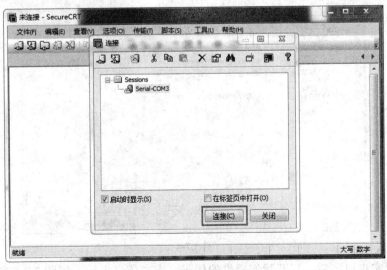

图 3.7-2

(2) 点击如图 3.7-3 所示界面"选项"中的"会话选项"。

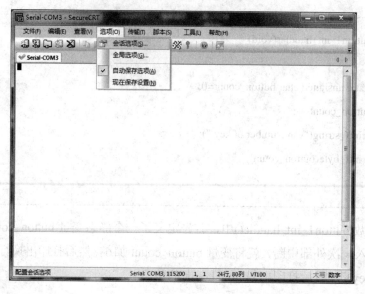

图 3.7-3

(3) 点击"串行"，配置串口参数，波特率为 115200，数据位为 8，停止位为 1，与图 3.7-4 一致，最后点击"确定"按钮。

图 3.7-4

(4) 配置完串口之后，打开我们提供的代码，点击仿真图标，如图 3.7-5 所示。

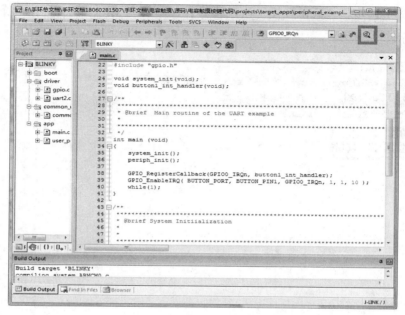

图 3.7-5

(5) 点击运行代码，如图 3.7-6 所示。

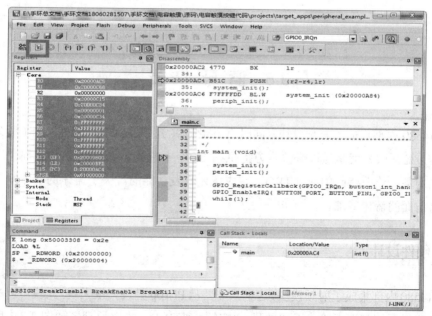

图 3.7-6

(6) 完成上述步骤之后，触摸一次触摸弹簧，串口调试助手就打印出一条信息，如图 3.7-7 所示。

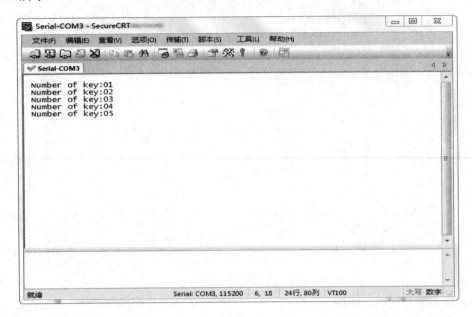

图 3.7-7

3.8 蓝 牙 收 发

DA14580 内部集成了射频模块，同时官方也提供了一套 SDK，里面包含了蓝牙协议栈部分。本节蓝牙收发就是通过修改官方提供的 SDK 中的蓝牙 Profile 例程，删除其中不需要用到的服务，修改代码中的 UUID，完成蓝牙收发功能的。关于蓝牙的基本知识，大家可以参考前面的蓝牙基础。

3.8.1 硬件设计

DA14580 内部集成了射频模块，这里只需要从 PF10p 脚接一根天线，天线可以采用 PCB 天线，也可以采用陶瓷天线。天线的另一脚连接到 GND，电路原理图如图 3.8-1 所示。

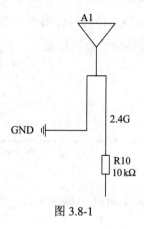

图 3.8-1

3.8.2 软件设计

打开 SDK，从路径 SDK5.0.4\DA1458x_SDK\5.0.4\project\target_apps\ble_examples\ble_app_profile\Keil_5 中打开 ble_app_profile 工程文件。

首先修改 user_cust1_def.h 文件，该文件对服务的参数进行了声明，这里需要修改服务和特征值的 UUID 等参数，并将多余的特征值删除，如图 3.8-2 所示。

```
#define DEF_CUST1_SVC_UUID              0XFFF0 // {0x2F, 0x2A, 0x93, 0xA6, 0xBD, 0xD8

#define DEF_CUST1_INDICATEABLE_UUID   0XFFF1 // {0x28, 0x05, 0xE1, 0xC1, 0xE1, 0xC5
#define DEF_CUST1_LONG_VALUE_UUID     0XFFF4 // {0x8C, 0x09, 0xE0, 0xD1, 0x81, 0x54

#define DEF_CUST1_INDICATEABLE_CHAR_LEN    20
#define DEF_CUST1_LONG_VALUE_CHAR_LEN      20

#define CUST1_INDICATEABLE_USER_DESC        "Indicateable"
#define CUST1_LONG_VALUE_CHAR_USER_DESC     "Long Value"

/// Custom1 Service Data Base Characteristic enum
enum
{
    CUST1_IDX_SVC = 0,

    CUST1_IDX_INDICATEABLE_CHAR,
    CUST1_IDX_INDICATEABLE_VAL,
    CUST1_IDX_INDICATEABLE_IND_CFG,
    CUST1_IDX_INDICATEABLE_USER_DESC,

    CUST1_IDX_LONG_VALUE_CHAR,
    CUST1_IDX_LONG_VALUE_VAL,
    CUST1_IDX_LONG_VALUE_NTF_CFG,
    CUST1_IDX_LONG_VALUE_USER_DESC,

    CUST1_IDX_NB
};
```

图 3.8-2

再修改 user_cust1_def.c 文件，该文件对特征值的属性进行了定义，这里需要对要使用的服务和特征值进行修改，并删除多余的特征值定义，如图 3.8-3 和图 3.8-4 所示。

```
*/

/// Custom Server Attributes Values Definition

static const att_svc_desc_t custs1_svc                           = DEF_CUST1_SVC_UUID;

static const struct att_char_desc custs1_indicateable_char       = ATT_CHAR(ATT_CHAR_PROP.
                                                                    0,
                                                                    DEF_CUST1_INDICATE

static const struct att_char_desc custs1_long_value_char         = ATT_CHAR(ATT_CHAR_PROP.
                                                                    0,
                                                                    DEF_CUST1_LONG_VAL

static const uint8_t custs1_indicateable_desc[] = CUST1_INDICATEABLE_USER_DESC;

static const uint8_t custs1_long_value_desc[] = CUST1_LONG_VALUE_CHAR_USER_DESC;

/*
 * CUSTS1 ATTRIBUTES
 ****************************************************************************
 */

static const uint16_t att_decl_svc        = ATT_DECL_PRIMARY_SERVICE;
static const uint16_t att_decl_char       = ATT_DECL_CHARACTERISTIC;
static const uint16_t att_decl_cfg        = ATT_DESC_CLIENT_CHAR_CFG;
static const uint16_t att_decl_user_desc  = ATT_DESC_CHAR_USER_DESCRIPTION;

/// Full CUSTOM1 Database Description - Used to add attributes into the database
const struct attm_desc custs1_att_db[CUST1_IDX_NB] =
{
    // CUSTOM1 Service Declaration
```

图 3.8-3

```
9   /// Full CUSTOM1 Database Description - Used to add attributes into the database
0   const struct attm_desc custs1_att_db[CUST1_IDX_NB] =
1   {
2       // CUSTOM1 Service Declaration
3       [CUST1_IDX_SVC]                       = {ATT_DECL_PRIMARY_SERVICE, PERM(RD, ENABLE),
4                                                 sizeof(custs1_svc), sizeof(custs1_svc), (uint8_
5
6       // Indicateable Characteristic Declaration
7       [CUST1_IDX_INDICATEABLE_CHAR]         = {ATT_DECL_CHARACTERISTIC, PERM(RD, ENABLE),
8                                                 sizeof(custs1_indicateable_char), sizeof(custs1
9       // Indicateable Characteristic Value
0       [CUST1_IDX_INDICATEABLE_VAL]          = {DEF_CUST1_INDICATEABLE_UUID, PERM(RD, ENABLE) |
1                                                 DEF_CUST1_INDICATEABLE_CHAR_LEN, 0, NULL},
2       // Indicateable Client Characteristic Configuration Descriptor
3       [CUST1_IDX_INDICATEABLE_IND_CFG]      = {ATT_DESC_CLIENT_CHAR_CFG, PERM(RD, ENABLE) | PE
4                                                 sizeof(uint16_t), 0, NULL},
5       // Indicateable Characteristic User Description
6       [CUST1_IDX_INDICATEABLE_USER_DESC]    = {ATT_DESC_CHAR_USER_DESCRIPTION, PERM(RD, ENABLE)
7                                                 sizeof(CUST1_INDICATEABLE_USER_DESC) - 1, sizeo
8
9       // Long Value Characteristic Declaration
0       [CUST1_IDX_LONG_VALUE_CHAR]           = {ATT_DECL_CHARACTERISTIC, PERM(RD, ENABLE),
1                                                 sizeof(custs1_long_value_char), sizeof(custs1_
2       // Long Value Characteristic Value
3       [CUST1_IDX_LONG_VALUE_VAL]            = {DEF_CUST1_LONG_VALUE_UUID, PERM(RD, ENABLE) | PE
4                                                 DEF_CUST1_LONG_VALUE_CHAR_LEN, 0, NULL},
5       // Long Value Client Characteristic Configuration Descriptor
6       [CUST1_IDX_LONG_VALUE_NTF_CFG]        = {ATT_DESC_CLIENT_CHAR_CFG, PERM(RD, ENABLE) | PE
7                                                 sizeof(uint16_t), 0, NULL},
8       // Long Value Characteristic User Description
9       [CUST1_IDX_LONG_VALUE_USER_DESC]      = {ATT_DESC_CHAR_USER_DESCRIPTION, PERM(RD, ENABLE)
0                                                 sizeof(CUST1_IDX_LONG_VALUE_USER_DESC) - 1, siz
1   };
2
3
```

图 3.8-4

最后要修改的是 cust1_task.c 文件，该文件定义了 cust1 服务的一些任务函数，需要将原来定义为 128 位的修改为 16 位。另外，由于前面删除了多余的特征值服务，因此这里还需要修改接收函数，如图 3.8-5 和 3.8-6 所示。

相关代码可以查看我们的实验例程。修改完之后，可以通过修改文件 da1458x_config_advanced.h 中的 CFG_NVDS_TAG_BD_ADDRESS 来修改蓝牙地址；通过修改文件 user_config.h 中的结构体 user_adc_conf 中的 intv_min 和 intv_max 修改蓝牙广播间隔；通过修改文件 user_config.h 中的 USER_DEVICE_NAME 修改蓝牙名称。

```
static int custs1_create_db_req_handler(ke_msg_id_t const msgid,
                                        struct custs1_create_db_req const *param,
                                        ke_task_id_t const dest_id,
                                        ke_task_id_t const src_id)
{
    // Database Creation Status
    uint8_t status;
    // Save Profile ID
    custs1_env.con_info.prf_id = dest_id;
    const struct attm_desc *att_db = NULL;
    uint8_t i=0;

    while( cust_prf_funcs[i].task_id != TASK_NONE )
    {
        if( cust_prf_funcs[i].task_id == dest_id)
        {
            if ( cust_prf_funcs[i].att_db != NULL)
            {
                att_db = cust_prf_funcs[i].att_db;
                break;
            } else i++;
        } else i++;
    }
```

图 3.8-5

```
static int gattc_write_cmd_ind_handler(ke_msg_id_t const msgid,
                                       struct gattc_write_cmd_ind const *param,
                                       ke_task_id_t const dest_id,
                                       ke_task_id_t const src_id)
{
    uint16_t att_idx, value_hdl;
    uint8_t status = PRF_ERR_OK;
    uint8_t uuid[GATT_UUID_128_LEN];
    uint8_t uuid_len;
    att_size_t len;
    uint8_t *value;
    uint16_t perm;
```

```
    if (KE_IDX_GET(src_id) == custs1_env.con_info.conidx)
    {
        att_idx = param->handle - custs1_env.shdl;

        switch(att_idx)
        {
          case CUST1_IDX_INDICATEABLE_VAL:
            attmdb_att_set_value(param->handle, param->length, (uint8_t*)&(param

            attmdb_att_set_value((custs1_env.shdl+CUST1_IDX_LONG_VALUE_VAL), par
            prf_server_send_event((prf_env_struct *)&(custs1_env.con_info), fals
            break;
          default:
            break;
        }
```

图 3.8-6

3.8.3　实验现象

(1) 首先打开蓝牙收发的实验代码，点击仿真图标进入仿真，如图 3.8-7 所示。

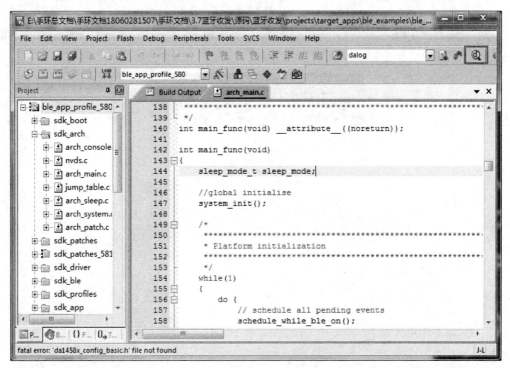

图 3.8-7

(2) 点击运行代码，如图 3.8-8 所示。

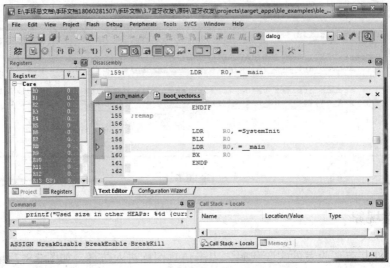

图 3.8-8

(3) 完成以上步骤之后，打开手机上的 Wolverine BLE，点击 "Connect" 按钮，如图 3.8-9 所示。

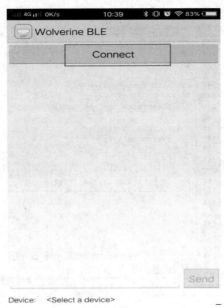

图 3.8-9

(4) 选择蓝牙设备 DIALOG-PRFL，如图 3.8-10 所示。

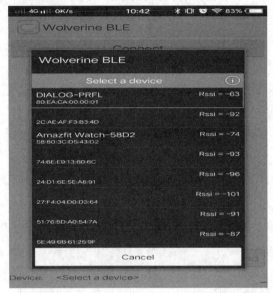

图 3.8-10

(5) 在输入框输入"BLE"，然后点击"Send"按钮，如图 3.8-11 所示。

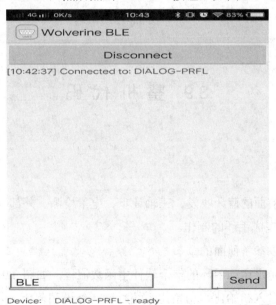

图 3.8-11

(6) 完成以上步骤后，手机能收到我们所发送的字符，如图 3.8-12 所示。

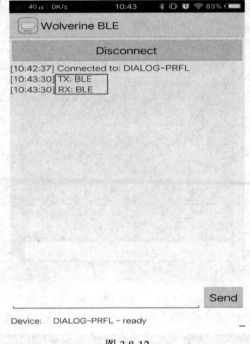

图 3.8-12

3.9　整机代码

3.9.1　软件设计

本节我们将融合前面的蓝牙收发、三轴计步、电量检测、外部 Flash 读写、心率检测和 OLED 屏幕显示，完成手环的制作。

以上各个部分可以参考前面的章节。

首先是蓝牙心率防水运动手环的整个软件主函数流程，如图 3.9-1 所示。

代码运行后首先进入初始化，初始化系统时钟、外设和蓝牙。除此之外，还开启了定时中断和 GPIO 中断。

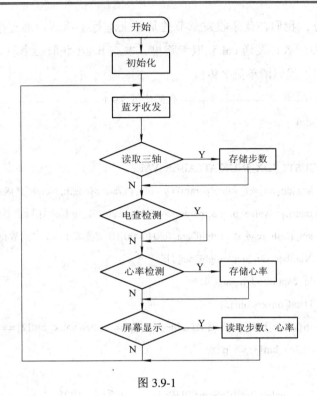

图 3.9-1

定时中断每 10 ms 触发一次，用于 ADC 定时采集心率数据，以及定时和时间更新。另外，由于一些原因，主函数中的步数读取、电量检测、心率检测、屏幕显示并不是每一次循环都执行一次。这里的定时中断也作为一个计时功能，步数 20 秒更新一次，心率模块 1 分钟打开一次，亮屏无操作，5 秒熄灭屏幕。

这里的 GPIO 中断主要是用来切换屏幕显示页面的，代码如下：

```
void my_int_button1_handler(void)

{

    Touch_release =1;   //触摸释放标志

}
```

从 GPIO 的中断回调函数中可以看出，每次中断只是把变量 Touch_release 置 1，并没有直接对显示做任何处理，而在定时中断的回调函数中，判断变量 Touch_release 的值，从而确定是长时间按键，还是短时间按键，来完成相应的处理。

在定时器中断函数中，检测到短时间触摸，就打开显示标志位，同时设置显示的页面。

关于蓝牙收发部分，我们在蓝牙收发章节的基础上进行了修改，通过手机软件 Wolverine BLE 发送 step 获取步数、发送 cal 获取卡路里、发送 heart 获取心率值、发送 rtc 可以更改和设置手环的时间，代码清单见 3.9-1。

--代码清单 3.9-1--

```
switch(att_idx)
{
    case CUST1_IDX_INDICATEABLE_VAL:
        attmdb_att_set_value(param->handle, param->length, (uint8_t*)&(param->value[0]));
        memcpy(value_buf, &(param->value),param->length);//复制读出的数据到 value_buff
        spi_flash_read_data(dghData, 0x040000,10);//读取 flash 中的数据
        Number_Of_Steps=dghData[1];
        hr_capture=dghData[0];
        DataConversion();
        if((value_buf[0]=='s')&&(value_buf[1] == 't')&&(value_buf[2] == 'e')&&\
        (value_buf[3] == 'p'))
        {
            value_buf[0]=Steps[0]+0x30;        //返回步伐值
            value_buf[1]=Steps[1]+0x30;
            value_buf[2]=Steps[2]+0x30;
            value_buf[3]=Steps[3]+0x30;
            value_buf[4]=Steps[4]+0x30;
            attmdb_att_set_value((custs1_env.shdl+CUST1_IDX_LONG_VALUE_VAL),5,\
            (uint8_t*)&(value_buf[0]));
            prf_server_send_event((prf_env_struct*)&(custs1_env.con_info),false,\
            (custs1_en v.shdl+CUST1_IDX_LONG_VALUE_VAL));
        }
        else if((value_buf[0] =='c')&&(value_buf[1] == 'a')&&(value_buf[2] == 'l'))
        {
            value_buf[0]=(Calorie[0])+0x30;        //返回卡路里
            value_buf[1]=(Calorie[1])+0x30;
```

```
        value_buf[2]=(Calorie[2])+0x30;

        value_buf[3]=(Calorie[3])+0x30;

        value_buf[4]=(Calorie[4])+0x30;

        attmdb_att_set_value((custs1_env.shdl+CUST1_IDX_LONG_VALUE_VAL),5,\

        (uint8_t*)&(value_buf[0]));

        prf_server_send_event((prf_env_struct*)&(custs1_env.con_info),false,\

        (custs1_en v.shdl+CUST1_IDX_LONG_VALUE_VAL));

}
else if((value_buf[0]=='h')&&(value_buf[1]=='e')&&(value_buf[2]=='a')&&\
(value_buf [3] == 'r')&&(value_buf[4] == 't'))

{
        value_buf[0]=(Heart_Rate[0])+0x30;        //返回心率值

        value_buf[1]=(Heart_Rate[1])+0x30;

        attmdb_att_set_value((custs1_env.shdl+CUST1_IDX_LONG_VALUE_VAL),2,\

        (uint8_t*)&(value_buf[0]));

        prf_server_send_event((prf_env_struct*)&(custs1_env.con_info),false,\

        (custs1_env.shdl+CUST1_IDX_LONG_VALUE_VAL));

}
else if((value_buf[0] =='r')&&(value_buf[1] == 't')&&(value_buf[2] == 'c'))

{
        dghData[6]=value_buf[3]-0x30;        //将时间存入 Flash

        dghData[7]=value_buf[4]-0x30;

        dghData[8]=value_buf[5]-0x30;

        dghData[9]=value_buf[6]-0x30;

        dghData[2]=value_buf[7]-0x30;

        dghData[3]=value_buf[8]-0x30;

        dghData[4]=value_buf[9]-0x30;

        dghData[5]=value_buf[10]-0x30;

        spi_flash_write_data(dghData, 0x040000,10);

}
```

```
        break;
    default:
        break;
}
```

每当手环收到来自手机软件 Wolverine BLE 的数据时，首先从 Flash 中读取步数和心率数据，然后对比接收到的字符串，最后发送或设置相应的数据。这里有一点要注意，我们从 Flash 中读取到的是数字，而通过蓝牙发送的是字符串，因此需要将数字转换成字符，就如同代码中将一个位的数字加上 0x30，换算成该数字对应的 ASCII 码值。

对于发送给手机的卡路里数据，其实是通过三轴步数计算过来的。消耗的卡路里跟步数以及个人的体重等因素呈比例关系，大家可以根据自己的情况修改卡路里与步数之间的系数，代码清单见 3.9-2。

---代码清单 3.9-2---

```
void DataConversion(void)
{
    CalorieNum   = Number_Of_Steps<<2;
    Steps[0] = (unsigned char)((Number_Of_Steps/10000));
    Steps[1] = (unsigned char)((Number_Of_Steps%10000/1000));
    Steps[2] = (unsigned char)((Number_Of_Steps%1000/100));
    Steps[3] = (unsigned char)((Number_Of_Steps%100/10));
    Steps[4] = (unsigned char)((Number_Of_Steps%10));
    Calorie[0] = 0;
    Calorie[1] = (unsigned char)((CalorieNum/100000));
    Calorie[2] = (unsigned char)((CalorieNum%100000/10000));
    Calorie[3] = (unsigned char)((CalorieNum%10000/1000));
    Calorie[4] = (unsigned char)((CalorieNum%1000/100));
    Heart_Rate[0]=(unsigned char)((hr_capture%100/10));
    Heart_Rate[1]=(unsigned char)((hr_capture%10));
}
```

关于其他部分的代码，可参考我们的整机代码例程。

3.9.2 实验现象

(1) 首先打开 SmartSnippets，选择好工程和芯片后，点击"Open"按钮，如图 3.9-2 所示。

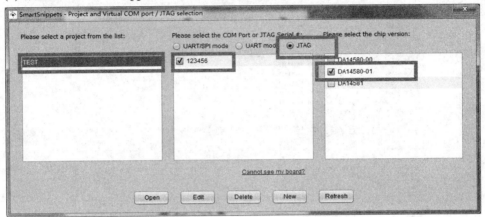

图 3.9-2

(2) 点击"Connect"按钮，连接单片机，如图 3.9-3 所示。

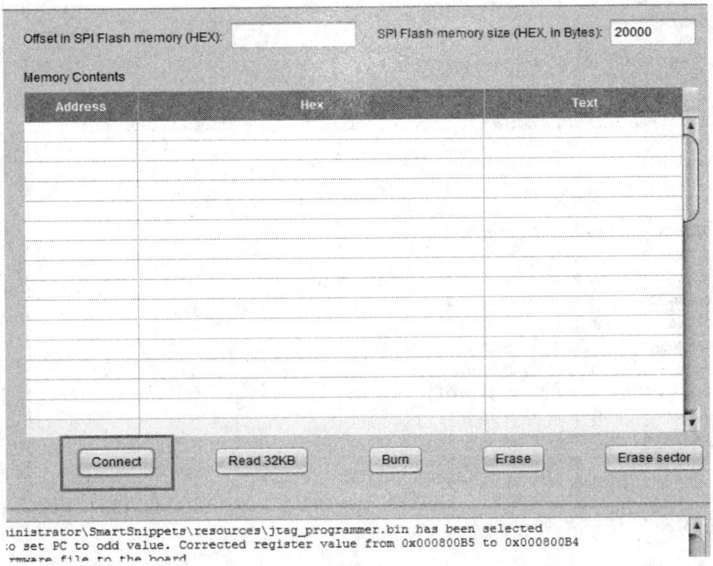

图 3.9-3

(3) 点击 "Erase" 按钮擦除 Flash，可以看到所有地址的值都为 0xFF，如图 3.9-4 所示。

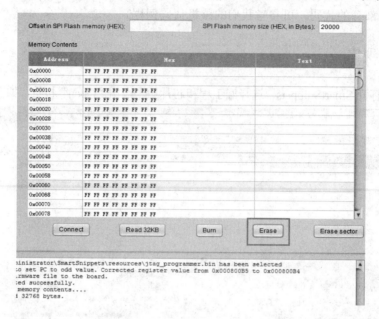

图 3.9-4

(4) 点击 "Browse" 按钮，找到工程的.hex 文件，如图 3.9-5 所示。

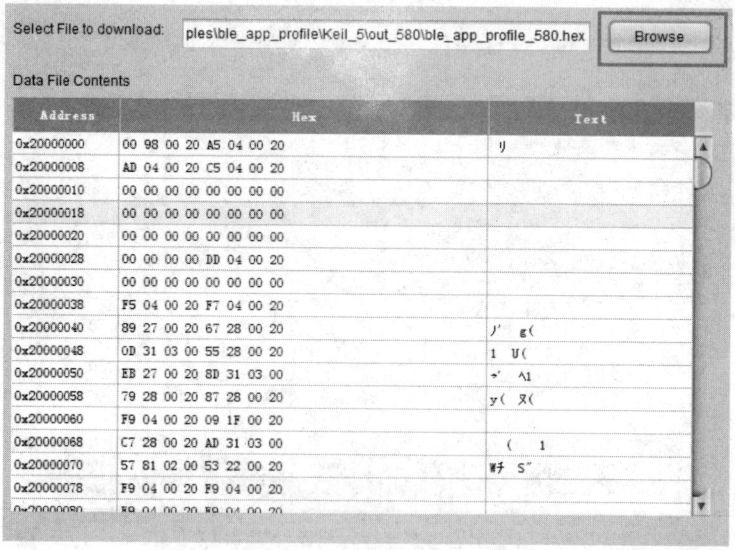

图 3.9-5

(5) 点击"Burn"按钮，在弹出的对话框点击"Yes"按钮，完成代码的下载，如图 3.9-6 所示。

Offset in SPI Flash memory (HEX):		SPI Flash memory size (HEX, in Bytes):	20000

Memory Contents

Address	Hex	Text
0x00000	70 50 00 00 00 00 4A E8	pP J|
0x00008	00 98 00 20 A5 04 00 20	リ
0x00010	AD 04 00 20 C5 04 00 20	
0x00018	00 00 00 00 00 00 00 00	
0x00020	00 00 00 00 00 00 00 00	
0x00028	00 00 00 00 00 00 00 00	
0x00030	00 00 00 00 DD 04 00 20	
0x00038	00 00 00 00 00 00 00 00	
0x00040	F5 04 00 20 F7 04 00 20	
0x00048	89 27 00 20 67 28 00 20	' g(
0x00050	0D 31 03 00 55 28 00 20	1 U(
0x00058	EB 27 00 20 8D 31 03 00	' Λ1
0x00060	79 28 00 20 87 28 00 20	y(又(
0x00068	F9 04 00 20 09 1F 00 20	
0x00070	C7 28 00 20 AD 31 03 00	(1
0x00078	57 81 02 00 53 22 00 20	W予 S"
0x00080	F9 04 00 20 F9 04 00 20	

Connect	Read 32KB	Burn	Erase	Erase sector

图 3.9-6

(6) 代码下载完成之后，给手环重新上电，能看到屏幕的显示时间，息屏之后，触摸一下手环背面的触摸键，也可以进入时间显示页面，如图 3.9-7 所示。

图 3.9-7

(7) 在时间显示界面触摸一下手环背面的触摸键，进入心率显示界面，如图 3.9-8 所示。

图 3.9-8

(8) 在心率显示界面触摸一下手环背面的触摸键，会显示步数界面，如图 3.9-9 所示。

图 3.9-9

(9) 在步数显示界面触摸一下手环背面的触摸键，就会进入卡路里显示界面，如图 3.9-10 所示。

图 3.9-10

(10) 打开手机软件 Wolverine BLE，点击"Connect"按钮，如图 3.9-11 所示。

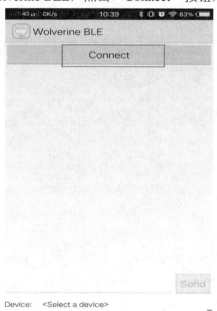

图 3.9-11

(11) 选择蓝牙设备 DIALOG-PRFL，如图 3.9-12 所示。

图 3.9-12

(12) 发送"step"则会获取步数，如图 3.9-13 所示。

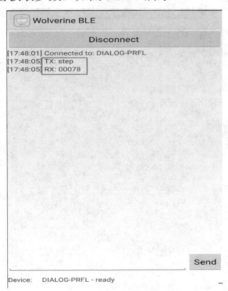

图 3.9-13

(13) 发送"cal"则会获取卡路里，如图 3.9-14 所示。

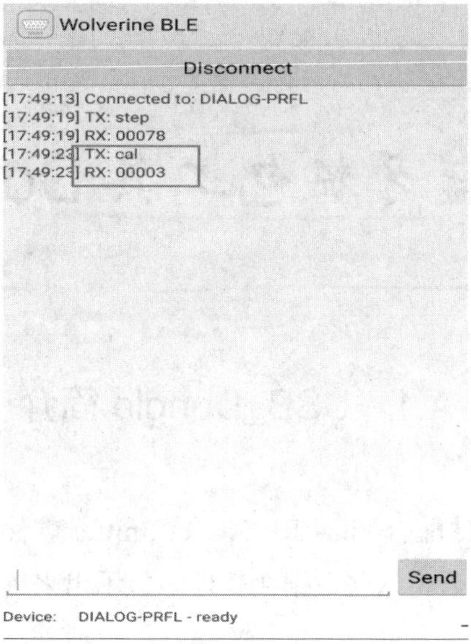

图 3.9-14

(14) 发送"heart"则会获取心率，如图 3.9-15 所示。

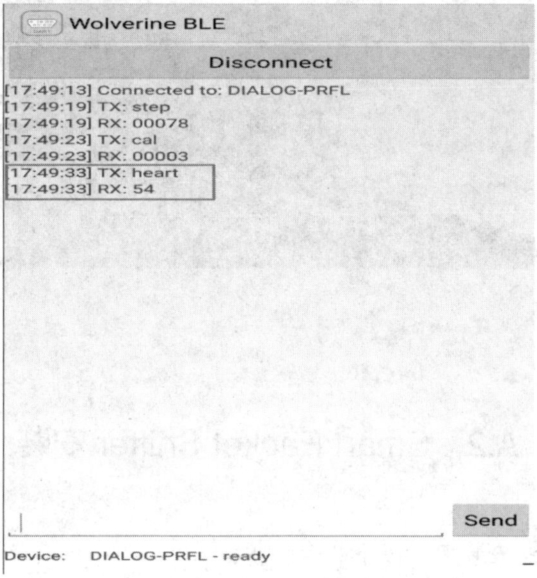

图 3.9-15

附录 A 蓝牙抓包工具 Dongle 介绍

A.1 USB_Dongle 简介

蓝牙抓包器 USB_Dongle 配合 SmartRF Packet Sniffer 软件进行空中抓包，即可以获取 BLE 在空中广播的数据，之后将这些数据在软件中显示出来进行分析，故也被称为协议分析仪。实物如图 A-1 所示。

图 A-1

A.2 Smart Packet Sniffer 安装

Smart Packet Sniffer 安装包括以下几个步骤：

(1) 直接双击打开安装文件 Setup_SmartRF_Packet_Sniffer_2.16.3.exe，然后点击界面中的"Next"按钮，如图 A-2 所示。

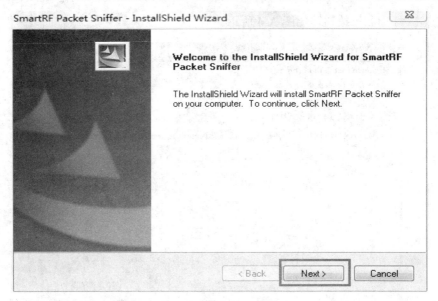

图 A-2

(2) 再次点击"Next"按钮，如图 A-3 所示。

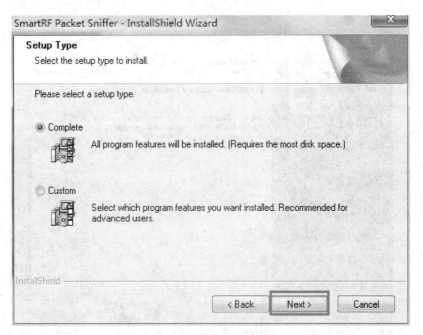

图 A-3

(3) 点击"Install"按钮，如图 A-4 所示。

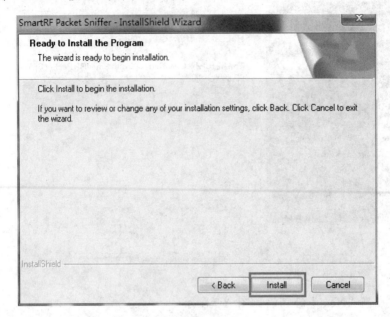

图 A-4

(4) 点击"Finish"按钮，完成安装，如图 A-5 所示。

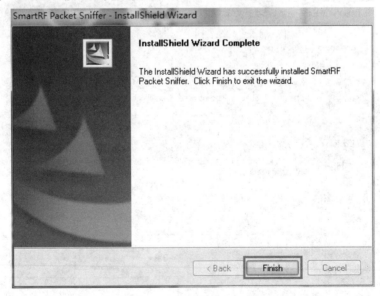

图 A-5

A.3　抓　包　测　试

在 Select protocol and chip type 下选择"Bluetooth Low Energy"，然后点击"Start"按钮，如图 A-6 所示。

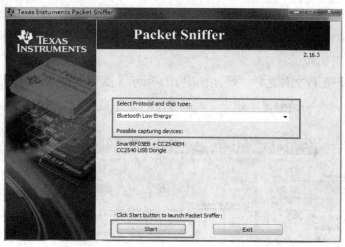

图 A-6

点击"Start"按钮之后会弹出包对话框，下方就会检测到 USB_Dongle 设备，点击播放按键即可开始抓包，如图 A-7 所示。

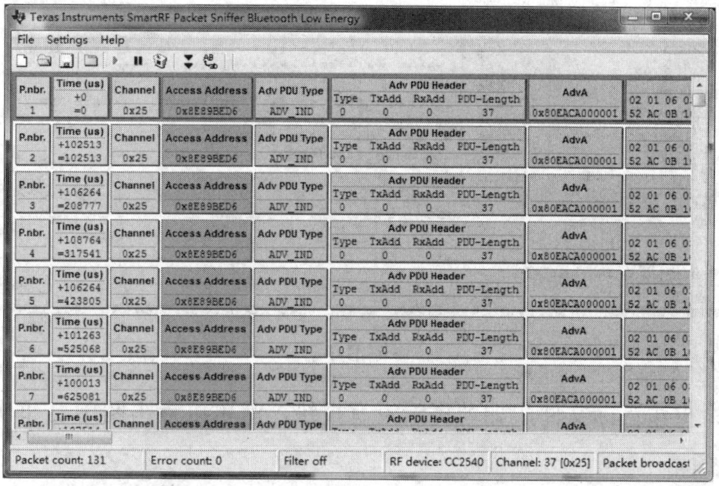

图 A-7

附录 B　Keil 常用功能介绍

本附录只介绍 Keil 调试常用的一些功能，关于 Keil 的下载安装可以参考前面的开发环境搭建章节。

打开实验代码工程文件之后，界面如图 B-1 所示，图中框出六个图标，常用的是第 1、2、3 和最后一个，分别是编译、建立、重新建立以及下载。

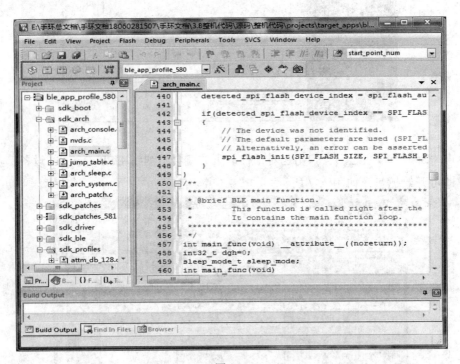

图 B-1

点击建立、重建目标文件，如若提示没有报错，就可以点击图 B-2 框出的那个图标，进入仿真。

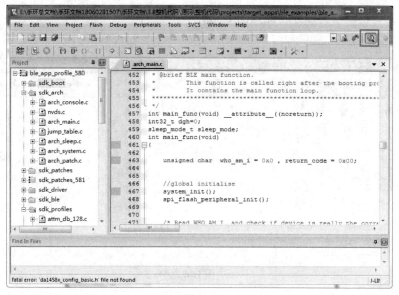

图 B-2

进入仿真之后，可以通过在图 B-3 代码左侧的灰色区域内(也就是所标记的框内)进行点击来设置断点，可通过再次点击来取消单个断点。当代码运行到断点所在的地方就会暂停运行。

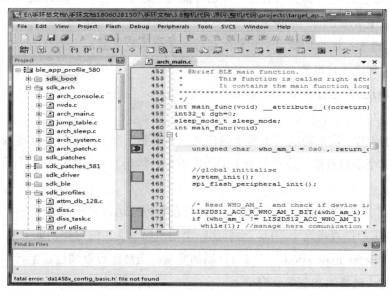

图 B-3

Debug 工具栏常用的部分功能如图 B-4 所示。

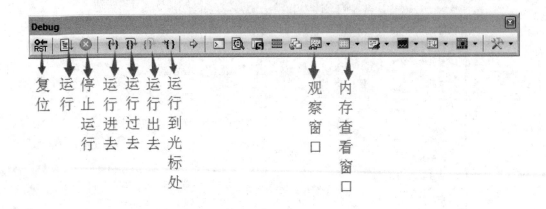

图 B-4

(1) 复位：点击复位图标，代码运行回到起始位置。

(2) 运行：该图标用于开始运行代码，一直到断点处才停止。通常这个功能用于快速运行到程序指定位置，查看结果。

(3) 停止运行：这个功能只有在程序运行的过程之中才有效，通过这个功能，可以将程序停止到程序所运行的当前位置。

(4) 运行进去：这个功能用来将程序运行到某个函数里面，当没有函数的情况下，这个功能等同于功能运行过去。

(5) 运行过去：运行到下一条语句，碰到函数时，也直接运行过这个函数，而不进入函数内部。

(6) 运行出去：这个功能用于单步调试时，不需要一步一步运行当前函数的剩余部分程序，通过这个功能直接一步运行余下的程序部分，跳出当前函数，回到当前函数被调用的位置。

(7) 运行到光标处：通过这个功能，可以直接将程序运行到光标的所在位置。

(8) 观察窗口：点击这个图标，会弹出一个用于显示变量的窗口，如下图 B-5 所示，点击图中的 "Enter expression" 可以自行添加变量。当然也可以通过选定代码中的变量，点击鼠标右键，选择添加变量到窗口。

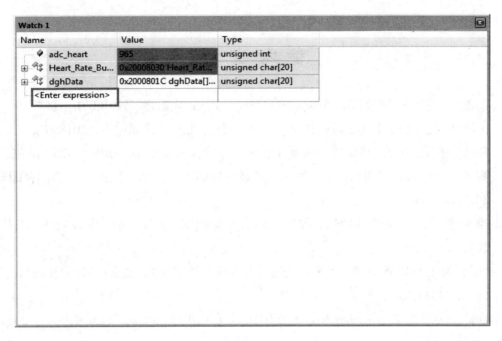

图 B-5

(9) 内存查看窗口：点击这个图标，将会弹出一个内存查看窗口，在里面输入要查看的内存地址，然后就能查看地址中所对应的值，如图 B-6 所示，这里以输入 0x80000 为例。

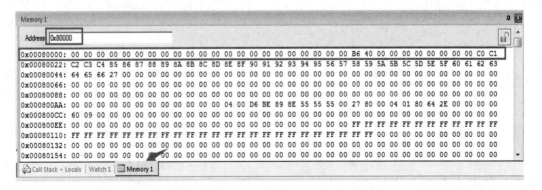

图 B-6

参 考 文 献

[1] 颜德宝. 蓝牙智能穿戴设备数据加密传输[J]. 重庆：电脑迷，2018(08)：106.

[2] 王西平. 蓝牙技术在可穿戴设备中适用性研究[J]. 北京：通讯世界，2018(10)：13.

[3] 陈伟，王玮，王健. 蓝牙低功耗测试技术[J]. 广州：移动通信，2018，42(08)：72.

[4] 唐嘉，何彬彬，郝白东，等. 智能手环设计方案[J]. 北京：电子技术与软件工程，2017(24)：115.

[5] 李渊博. 基于蓝牙的低功耗智能车位锁系统设计[D]. 成都：电子科技大学出版社，2017.

[6] 同伟. 基于 DA14580 智能蓝牙控制器开发多功能遥控器[J]. 北京：中国电子商情(基础电子)，2015(08)：38-40.

[7] Dialog 蓝牙智能芯片被小米手环选用[J]. 北京：单片机与嵌入式系统应用，2014，14(10)：40.